KB009395

코딩,
해양 연구의 도우미

코딩, 해양 연구의 도우미

초판 1쇄 발행일 2022년 12월 26일

지은이 조홍연
펴낸이 이원중

펴낸곳 지성사 **출판등록일** 1993년 12월 9일 **등록번호** 제10-916호
주소 (03458) 서울시 은평구 진흥로 68, 2층
전화 (02) 335-5494 **팩스** (02) 335-5496
홈페이지 www.jisungsa.co.kr **이메일** jisungsa@hanmail.net

ISBN 978-89-7889-513-2 (04400)
ISBN 978-89-7889-168-4 (세트)

코딩, 해양 연구의 도우미

조홍연
지음

지성사

차 례

C++
OBJECTIVE-C
HTML5
JAVA
SWIFT
PROGRAMMING
PHP
CODE

| 여는 글 |

코딩.

처음 들어 보는 단어는 아니지만, 단어 설명으로 시작한다.

코드, 코딩. 프로그램, 프로그래밍.

비슷한 듯 다른 느낌을 주는 단어이다.

코드는 무엇이고, 코딩은 무엇인가?

코드는 문자나 기호를 의미한다. 코드는 프로그램 언어에 사용하는 문자이다.

그리고 코딩은 프로그래밍이다. -ing. 절차, 과정, 체계를 의미하는 단어를 만든다.

코딩은 코드를 이용해 어떤 프로그램을 만드는 과정이다.

코딩을 배운다는 것은 프로그램을 만드는 방법을 배우는 것이다.

코딩을 배운다는 것은 프로그래밍 언어를 배운다는 의미이고, 프로그램을 만드는 기술적인 절차를 배운다는 의미이기도 하다.

어떤 목표를 가지고 코드를 이용하여 사람이 작성한 문서를 **소스코드(source code)**라고 한다.

소스코드 작성에 사용하는 문자는 컴퓨터 자판에서 볼 수 있다.

알파벳과 숫자가 기본이다. 나머지는 프로그래밍 언어에 따라 다르다.

프로그램은 이 코드를 컴퓨터가 이해할 수 있도록 번역한 문서이며, 도구이다.

이 문서는 다수의 작업을 구성하는 명령문으로 구성된다.

이 문서는 프로그래머가 작성하고, 컴퓨터가 이해할 수 있는 언어로 번역한다.

컴퓨터는 번역된 소스코드에 쓰여 있는 명령 순서에 따라 명령대로 작업을 한다.

이 모든 절차가 코딩이다.

컴퓨터가 이해할 수 있는 문서를 만드는 이유는 무엇인가?

컴퓨터로 어떤 작업을 하기 위해 문서를 만든다.

그럼 어떤 작업을 코딩으로 하는가? **풀어야 하는 문제가 있다.**

그리고 어떤 작업을 코딩으로 할 수 있는가? 그 작업을 코딩으로 해야만 할까? **코딩으로 하는 이유가 있다.**

연구, 해양 연구를 하는 사람은 코딩으로 어떤 작업을 하는가?

이 질문에 대한 두루뭉술한 답변보다는 직접 사례로 보여주는 **'케바케'** 설명, 그리고 무궁무진한 코딩의 세계에서, 또 하나의 무궁무진한 해양 연구 분야에서 **"코딩으로 이런 것을 할 수 있구나!"** 하는 작은 감탄을 선물하고자 이 책을 쓴다.

코딩이라는 생소한 주제의 원고를 오랜 기간 검토해 주고, 거침없이 의견을 제시해 준 도서관 조정현 작가님께 감사를 드린다. 또한 담담한 원고를 한 단계 높은 수준의 작품으로 만들어 준 도서출판 지성사 편집진의 도움에도 감사드린다. 더불어 원고를 감수해 주신 장찬주 박사님과 코딩을 잘 모르면서(?) 코딩에 대한 다양한 의견을 제시한 아들 성우의 도움에도 감사를 드린다.

습관적으로 수행하는 코딩을 책으로 쓰다 보니, 나도 모르는 코딩의 도움에 감사하는 마음을 느끼게 되었다. 세상은 잘 보이지 않는, 잘 느껴지지 않는 작은 도움으로 가득 차서 돌아가고 있음을 실감한다.

01 맛보기 코딩

맛보기 문제로 시작한다. 현실에서의 코딩 문제에는 다음과 같은 최소한의 조건이 필요하다.

1. 당연하지만, **구체적인 문제**가 있어야 한다.
2. 그 문제를 풀 수 있는 **구체적인 방법**이 있어야 한다.
3. 그 문제를 코드로 풀어야만 하는 **구체적인 이유**가 있어야 한다.

이 책에서 소개하는 코딩 문제와 해법은 이 조건을 기준으로 설명한다. 그 모든 경우를 설명한다는 것은 불가능하기에, 하나하나 사례를 들어가면서 설명한다. 그 하나의 시작이 맛보기 코딩이다.

자연수 101부터 997까지의 총합을 구하시오.

문제를 이해하면 절반은 풀었다는 말이 있다. (1) 일단 구체적인(명확한) 문제가 있고, 그 문제가 이해된다. 다음은 문제를 푸는 방법이다. 그것도 이 문제에서는 간단하다. (2) 그냥 다 더하면 된다. 더하기 문제이다. 그다음은 (3) 왜 코딩으로 풀어야 하는가? 일단 가능한 방법을 먼저 찾아보고, 문제 풀이를 직접 해보자.

가장 쉬운 방법은 그냥 열심히 더하면 된다. 조금은 힘들고, 시간이 걸리지만 그래도 더하면 된다. 아래와 같이…….

$$101 + 102 + 103 + 104 + 105 + 106 + \dots + 995 + 996 + 997$$
$$= 203 + 103 + 104 + 105 + 106 + \dots + 995 + 996 + 997$$
$$= 306 + 104 + 105 + 106 + \dots + 995 + 996 + 997$$
$$= 410 + 105 + 106 + \dots + 995 + 996 + 997$$

...

벌써 포기!! 못 할 것은 없지만, 하고 싶지도 않고, 왜 해야 하는지도 모르겠다. 왜?

너 더하기 못 하는구나? 아니요, 누가 더하기를 못 해요?

그렇다. 못 할 것은 없지만, 너무 많아서 하기 싫다. 비슷한 것이 반복되어서 지루하기도 하다.

그럼 다른 방법을 찾아보자. 그냥 더하는 것보다 수준 높은 방법, 설명을 들어 보면, 아마도 어디선가 들어 본 적이 있을 것이다. 해답이 되는 총합(sum)은 S 문자로 지정한다. 지정은 자유다. 전체 더하기 문제를 쓰고, 그 아래 줄에 순서를 바꾸어서 문제를 다시 한번 쓰면 된다.

$$
\begin{array}{rl}
 & 101 + 102 + \cdots\cdots + 997 = S \\
+) & 997 + 996 + \cdots\cdots + 101 = S \\
\hline
 & 1098 + 1098 + \cdots\cdots + 1098 = S + S = 2 \cdot S
\end{array}
$$

여기서 1,098이 몇 개인가? $997 - 101 + 1 = 997 - 100 = 897$ 개이다.

다음 단계의 계산은 $1{,}098 \times 897 = 984{,}906$. 그다음 단계는 $2S = 984{,}906$.

따라서 $S = 984{,}906/2 =$ **492,453**. 계산 종료. 정답이다.

계산이 조금 빠른 어떤 고등학생에게 시켜 보니, 약 2분 정도 걸린다. 중간에 계산기(calculator)를 이용하면 계산이 조금 빨라진다. 그래도 한 번 정도는 견딜 만하지만, 계속하고 싶은 생각은 없다. 그럼 다른 방법은? 마땅한 방법이 없다면, 코딩으로 하는 방법을 살펴보자. 코딩은 어떤 언어를 사용하는가? 선택이 필요하지만, 필자의 경우 R 프로그래밍 언어(R 프로그램)를 기준으로 설명한다. 아래와 같이 입력하고, ↵Enter. 입력 코드는 붉은색으로 표기하고, 계산 결과는 파란색으로 표기한다.

```
sum(101:997) ↵Enter
[1] 492453
```

번개같이, 정말로 눈 깜짝할 사이에 계산이 끝난다. 이게 뭐지?

이 코드에서 sum( ) 기호는 괄호 안에 있는 숫자를 모두 더하라는 명령코드이다. 괄호에 있는 101:997 코드는 101부터 997까지, 하나(1)씩 늘어나는 숫자를 모두 만들라는 명령이다. 두 코드를 조합하면, sum(101:997), 이 코드는 101부터 997까지 모두 더하라는 명령코드이다. 이 명령을 실행하면 된

알아두기　간단한 코딩의 시작, 작업공간

코딩을 처음 해보는 사람에게 추천하는 방법은'따라 하기'이다. 이 책에서 설명하는 코딩은 다음 QR 코드나 URL 주소(https://rdrr.io/snippets/)에 접속하여 직접 실행해 볼 수 있다. 처음 접속-실행하면, 어떤 코드가 입력화면에 자동으로 보이지만, 그 코드를 무시하고(지우고), 빈 화면을 만들면 준비가 된 것이다. 그리고 여기에서 제시하는 코드를 직접 화면에 입력하면 된다. 입력한 그 코드를 실행하고 싶으면 그 화면 아래에 있는 초록색 버튼을 누르면 된다. 코드 실행 결과는 그 버튼 아래 화면에 출력된다.

초록색 버튼: Run (Ctrl-Enter)

다. 이상이다.

이 맛보기 문제를 코딩으로 해야만 하는 구체적인 이유로 충분한가?

다음부터 제시하는 코드 입력과 계산 결과(출력)는 각각 초록색 버튼을 기준으로 상단의 입력 화면과 하단의 (결과) 출력 화면으로 확인할 수 있다. 코딩을 배우는 가장 효과적인 방법으로 '따라 하기'를 추천한다.

만약 다음과 같이 'sum' 대신에 'sun' 문자로 명령을 내리면 어떻게 될까? 화면에서는 다음과 같은 내용을 출력한다. 실행 버튼은 생략한다. 다음의 명령을 실행하면, 에러 메시지가 간단하게 제시된다.

sun(101:997)

Sorry, something went wrong. All I know is:

당연하지만, 한 글자라도 틀리면 컴퓨터는 작업을 할 수 없다. 우연의 일치로 다른 명령으로 오인하고 다른 작업을 할 수도 있지만, 보통 오류 메시지를 보내고 "당신의 명령을 나로서는 이해할 수 없으니, 명령을 다시 한번 확인해 주세요"라고 요청한다. 그리고 기다린다. 컴퓨터는 게으름을 피울지 모른다. 그렇다고 자기 마음대로 어떤 일을 하지도 않는다. 아니, 못 한다. 다음 명령을 기다린다. 다음 맛보기 문제로 가자.

맛보기 코딩 문제 2

태어난 날부터 오늘까지의 지나간 날 수를 구하시오. 〔오늘이 태어난 다음 날이면, 지나간 날 수는 이틀(2일)이다. 오늘과 태어난 날을 모두 포함한다.〕

문제가 이해되는가? 정확한 이해를 위해 괄호에 설명을 추가했다. 문제에서 애매모호한 부분은 확실하게 표현하는 것이 매우 중요하다. (1) 구체적이고, 분명하게 이해되는 문제가 있다. 그럼 다음은 (2) 이 문제는 어떻게 풀 수 있는가? 태어난 날부터 오늘까지 하루하루 그 사이에 있는 날수를 세어 보면 된다. 가장 간단한 방법이기도 하고, 어려운 방법이 아니다. 이 문제를 푸는 사람이 중학생 / 고등학생 정도라고 하면, 대략 10년 = 3,650일 이상은 살았으니 간단하게 세어 보기에는 어려움이 있을 것이다. 계산으로 하면 어떨까? 그 계산 과정을 소개한다.

계산에는 약간의 상식이 필요하다. 평년은 365일이고, 윤년은 366일이다. 각자의 생일로 하면 정답을 확인할 수 없으니, **2010년 10월 10일**을 태어난 날의 기준으로 하자. 지금이 2010년 10월 12일이라면 정답은 3일이다. 오늘도 고정하자. **2021년 12월 21일**이다. 왜 이 문제를 푸는가? 이 문제를 풀어야만 하는 각자의 이유가 있는 사람으로 한정한다. 설명은 생략한다. 어떤 문제를 푸는 경우에는 모든 자원을 다 동원한다. 시험이 아니다. 계산기를 사용해도 되고, 달력을 보고 해도 된다. 물론 손가락을 사용해도 된다.

해양 연구를 하는 사람은 날짜와 관련된 자료를 자주 다룬다. 그러다 보면 월마다 며칠이 있는지를 자연스럽게 기억하게 된다. 예전에는 왜 이런 날수를 기억해야 하는지 거부했는데, 사용하다 보니 그냥 기억하게 되고, 기억하니 참 편하게 이용하는 경우가 많다. 1월부터 12월까지 각 달의 일수는 순서대로 1-31, 2-28(윤년에는 29), 3-31, 4-30, 5-31, 6-30, 7-31, 8-31, 9-30, 10-31, 11-30, 12-31, 모두 합하면 365일이다. 이어서 계산 과정이다.

- 1단계: 2010년 짜투리 날수: 10월(10일부터 31일, 22일) + 11월(30일) + 12월(31일) = 83일
- 2단계: 2021년 짜투리 날수: 평년 365일 - 10일(12월 21일 제외, 22일부터 31일) = 355일
- 3단계: 2011년 - 2020년 = 10년, 윤년은 2012년 2016년, 2020년 = 3년 (3일 추가)

그러면 365(일/년)×10(년) + 3일 = 3,653일 (10년 전체 일수)

- 4단계: 1,2,3단계 날수를 모두 더하면, 3,653일 + 355일 + 83일 = **4,091일**

다른 방법은 없을까? 자신이 태어나서 지나간 날수를 한 번 정도 헤아려 보는 것은 필요하지만, 조금 피곤한 계산이다. 그러나 이런 날짜 계산이 필요한 경우가 많다. 어떤 만남을 중

요하게 여기는 사람도 날수 계산을 하고, 어떤 시험을 앞둔 사람도 날수 계산을 한다. 날수 계산은 방법은 간단해도 입력조건은 사람마다 날짜마다 다르고, 매우 자주 하는 계산이기 때문에 좀 더 빨리하는 어떤 방법을 찾는다. 그 방법 중의 하나가 코딩이다. 스마트폰에 앱을 설치해서 이용해도 된다.

여기에서는 단 한 번의 계산이지만, 필요해서 자주 반복하는 계산도 빨리하고 싶다면, 이것이 코딩으로 하는 구체적인 이유이다. 계산은 컴퓨터에 맡기고, 그 결과는 내가 이용하고 의미를 부여한다. 이유로 적합한가?

이 문제 역시 코드를 이용해서 다음과 같이 명령코드를 순서대로 입력하면 된다.

```
Sstr <- "2010-10-10"
Estr <- "2021-12-21"
as.Date(Estr) - as.Date(Sstr) + 1
```

```
Time difference of 4091 days
```

여기에서 코드 설명이 필요할까? 첫 번째 맛보기 문제와는 달리 여러 줄(그래 봐야 3줄)이다. 코드를 보면 대략 추측이 가능하지만, 컴퓨터는 대충이라는 것이 없다. 확실해야 한다. 그 확실함을 위하여 코드를 설명한다.

Sstr 〈- “2010-10-10”

Estr 〈- “2021-12-21”

첫 번째는 어떤 날짜(2010년 10월 10일) ‘2010-10-10’를 문자 형식으로 입력하고, 〈- 기호(공백 없이 〈와 - 기호 조합)를 이용하여 Sstr 문자에 할당하는 코드이다. 두 번째 줄 코드는 첫 번째 줄 코드 설명으로 대신한다. 입력한 정보(수치, 문자 등등)에 이름을 부여하는 코드이다. Estr, Sstr 문자는 코딩하는 사람이 자유롭게 지정할 수 있는, 그리고 지정해야 하는 문자이다. End_date, Start_date 문자를 사용해도 된다.

컴퓨터는 숫자와 문자를 구분한다. 숫자와 문자의 차이는 연산 가능 여부로 판단한다. 문자로는 연산을 할 수 없다. 문자 정보 입력은 이중인용부호를 사용한다. 인용부호는 입력장치에 따라 특수문자로 인식하기도 한다. 자판에서 직접 입력하는 이중인용부호를 사용해야 한다. 특정 문서편집기를 이용하는 경우 오류가 발생하기도 한다.

```
as.Date(Estr) - as.Date(Sstr) + 1
```

마지막 코드이다. 날짜는 문자이지만 빼기 연산은 가능하다. 마지막에 1을 더하는 이유는 시작하는 날 하루를 포함하기 때문이다. 컴퓨터는 모든 작업을 순서대로 한다. 반드시 순서를 지켜야 한다.

그리고 날짜는 순서를 판단할 수 있다. 순서에는 크기 개념이 필요하다. 오늘이 어제보다 크다. 오늘에서 태어난 날을 빼면 된다. 그리고 as.Date 문자 기호는 괄호 안의 문자 정보를 날짜 정보로 바꾸라는 명령어이다.

정리하면 첫 번째, 두 번째 줄에서 입력한 두 개의 문자 정보를 날짜 정보로 바꾸고, 그 두 날짜의 차를 계산하고, 하루(1)를 더하라는 명령이다. 그 계산 결과가 화면에 나타난다. 간단하게 두 날짜의 사이에 있는 모든 날의 수가 계산된다. 날짜의 수는 4,091일. 이상이다. 코딩으로 날짜를 계산하는 이유로 충분한가?

날짜로 할 수 없는 더하기 연산을 하면 다음과 같은 오류 메시지를 보낸다. 예상대로 날짜는 더하기 연산을 할 수 없다는 내용이다. 그래서 실행(계산)을 멈춘다고 한다.

```
as.Date(Estr) + as.Date(Sstr) + 1
Error in '+.Date'(as.Date(Estr), as.Date(Sstr)) :
  binary + is not defined for "Date"objects
Execution halted.
```

물론 할 수 있는 더하기 연산도 있다.

```
as,Date("2022-12-31') + 100
"2023-4-10"
```

이번 더하기 연산은 수행할 수 있다. 어느 정도 예상은 하겠지만, 입력 코드를 설명하면 다음과 같다. 입력한 날짜("2022-12-31")에서 100일 후의 날짜를 계산하라는 명령이고, 100일 후의 날짜를 결과로 출력한다. 그 결과, 2023년에서 100번째 되는 날은 4월 10일이다.

02 맛보기 코딩 문제보다는 조금 더 복잡한 문제

여기에서는 해양 연구를 하는 사람이 실제 코딩으로 어떤 문제를 푸는지를, 그리고 그 문제를 왜 풀어야 하는지를 소개한다. 맛보기 코딩 문제보다 조금 복잡하지만, 실제로 해양 연구를 하는 사람이 풀어야 하는 문제이다.

수학, 과학을 포함한 다른 학문 분야처럼 수학과 기초 과학 이론을 포함한 해양 연구 분야는 바다처럼 매우 넓어서 풀어야 하는 문제가 다양하고, 어떤 전공 분야에서 연구하는가에 따라 큰 차이가 있다. 당연하지만, 필자가 풀어야 하는, 풀어왔던, 그리고 풀고 싶었던 문제만을 소개한다. 이 책에서 코딩으로 필자가 그린 그림은 출처를 표기하지 않았고, 필자가 직접 그리지 않은 그림은 모두 출처를 표기했다.

복잡한 문제로 들어가기 전에 모든 연산의 기본이 되는 사칙연산을 빠뜨릴 수 없다. 사칙연산을 컴퓨터 코드로는 어떻게 할까?

코딩으로 하는 계산의 기초, 사칙연산

코딩으로 계산을 한다. 그 계산은 사칙연산이다. 더하기, 빼기, 곱하기, 나누기. 초등학교 수준이라고는 하지만 모든 연산의 기본이다. 수학 문제는 여기에서부터 출발한다. 그리고 모든 과학 지식도 여기에서 시작한다.

수학, 그리고 수학의 한 분야에 해당하는 확률/통계(확통) 기초 지식은 모든 과학 분야에서 필수적인 요소이다. 그 필수적인 요소를 컴퓨터를 이용하여 수행한다. 가장 단순한 코딩의 시작이다. 한 줄 코드를 이용한 계산, **'코딩으로 계산한다.'**

수학에서는 다양한 기호를 사용하고, 그 기호를 코드라고 한다. 그리고 수학 연산을 해야 하는 코딩은 여러 가지 약속된 기호를 사용한다. 수학 연산 하나하나는 간단한 한 줄 코드로, 코딩으로 하는 간단한 연산은 보통의 계산기로도 모두 할 수 있다. 그러나 컴퓨터를 사용하는 연산, 연산에 사용하는 기호는 컴퓨터 자판(키보드)에서 쉽게 입력할 수 있어야 한다. 찾기 어려운 문자는 특수기호로 간주하고, 코딩에서는 사용을 제한한다. 코딩으로 간단한 계산을 해보자.

수학 연산	수학기호	컴퓨터 코드	코드이름
더하기	$a+b$	a+b	plus
빼기	$a-b$	a-b	minus
곱하기	$a\times b = ab = a \cdot b$	a*b	asterisk
나누기	$a \div b = \frac{a}{b}$	a/b	slash
지수	a^b	a^b	hat

더하기, 빼기, 곱하기, 나누기를 하는 컴퓨터 코드(기호)를 사용하면 코딩으로 모든 계산이 가능하다. 사칙연산 기호는 모든 계산의 기초이다. 더하기(+, plus, positive, 양성), 빼기(-, minus, negative, 음성) 기호는 보통 사용하는 기호와 차이가 없다. 그러나 곱하기 연산은 *(asterisk) 기호를 사용한다. 곱하기가 연속되면 지수 연산으로도 변경할 수 있다. 지수 연산은 ^(circumflex) 기호를 사용한다. 기호에는 고유한 이름이 있다.

나누기는 조금 다르다. 사칙연산에서 가장 어려운 것이 '나누기'이다. 살아가면서도 나누는 것이 가장 어렵다는 것을 자주 느낀다. 그 어려운 '나누기' 문제를 컴퓨터는 전혀 망설이지 않고 한다. 산수에서 나누기는 자연수, 정수와 실수의 세계가 다르다.

컴퓨터는 기본적으로 코드에서 사용하는 모든 수를 실수(real numbers)로 간주한다. 그러나 자연수 또는 정수의 나누기 문제는 다음과 같은 퍼센트 연산자(%)를 이용하여 몫과 나머지를 계산한다. 이 연산기호는 사용하는 컴퓨터 언어에 따라 다르다.

나누기는 정수(integer)와 실수(real numbers)의 세계가 다르다. 인간의 세계에서도 다르다. 컴퓨터의 세계에서도 수(number)는 연속적인 수(실수)와 불연속적인 수(정수, 자연수)로 구분한다. 실수 나누기는 기호 '/'를 이용하면 된다. 그러나 정수 나누기 연산은 특수기호를 사용한다. 정수 나누기에서 몫(quotient)을 구하는 연산기호는 조합기호로 %/%, 나머지를 구하는 연산기호는 %%이다. 사칙연산 기호 사용은 독자가 답을 아는 문제를 계산으로 테스트하면 된다. 소개한 사칙연산 기호를 이용하면 제대로 사용했는지를 바로 확인할 수 있다.

예: $57\times57\times57\times57\times57=57^5=601,692,057$.

```
57*57*57*57*57

57^5

57 %% 5

57 %/% 5
```

57 / 5

[1] 601692057

[1] 601692057

[1] 2

[1] 11

[1] 11.4

사칙연산에 사용되는 기호, 연산을 도와주는 간단한 기호, 유용한 함수를 배우는 과정은 단어를 배우는 과정이라고 할 수 있다. 단어를 하나하나 배우고, 그 단어를 조합하여 문장을 만들고, 그 문장으로 책을 만드는 과정이 코딩이다. 이 과정에서는, 어려운 단어는 부분적으로 설명할 수 있지만 전반적인 내용 또는 구조 설명으로 대체해야 한다.

코딩의 기본 조건을 다시 생각하면서 실전 코딩 문제로 들어가자. 문제가 있고, 문제를 푸는 방법이 있고, 코딩으로 풀어야 하는 이유가 있어야 한다. 설득하려는 필자의 설명보다 문제를 보면서 코딩으로 풀어 가는 과정을 감상하길 바란다. 그리고 질문하길 바란다. 코딩 말고 다른 방법은 무엇이 있을까?

알아두기 코딩 초보자를 위한 기본 절차

코딩은 다음 절차를 따라야 한다.

1단계: 하고자 하는 작업을 구체적으로 글로 쓴다. 다른 사람도 이해할 수 있게 표현한다. 무엇을 할 것인지, 컴퓨터로 하려는 작업은 무엇인지 구체적으로 글로 쓴다. 자기가 하고자 하는 일을 적을 수 없다면, 세상의 어떤 컴퓨터도 그 일을 할 수 없다.

2단계: 작업을 수행하는 과정을 순서대로 정리한다. 수학적인 문제는 풀이 연산 과정을 순서대로 정리한다. 컴퓨터 용어로 그 과정을 알고리즘이라 하고, 이 작업을 그림으로 표현하는 것을 플로차트(flow-chart)라고 한다. 간단한 작업은 플로차트를 생략한다. 이 작업(연산) 절차를 컴퓨터 언어로 작성한다. 작성은 문서편집기를 이용하면 된다.

3단계: 작성한 문서 코드를 원하는 작업과 유사한 조건의 간단한 문제에 대해 테스트한다. 코드가 정상적으로 작동하는가를 테스트하는 것이다. 보통 오류가 발생한다. 이 오류를 수정하는 작업을 디버깅(debugging)이라고 한다. 프로그래머 대부분이 크고 작은 오류를 경험한다. 테스트 과정은 필수이다.

4단계: 작성한 코드의 사용 방법을 문서화한다. 자신이 만든 프로그램의 사용 설명서를 작성하는 작업이다. 가장 지겨운 작업이지만, 본인이 작성한 코드의 사용자를 생각한다면 매우 중요한 단계이다. 코드 작성보다 사용자 매뉴얼(User's manual) 작성이 더 어렵다고 호소하는 프로그래머가 많다.

코딩으로 두 지점의 거리를 계산한다

보통 두 지점의 직선거리를 구하는 문제는, 두 지점의 위치가 다음과 같은 평면 좌표체계에서 $P_1=(x_1, y_1)$, $P_2=(x_2, y_2)$ 형식으로 주어지고, 그 자료를 이용하여 피타고라스 정리 공식으로 계산할 수 있다. 두 지점의 직선거리를 d(거리, distance)라고 하고, 단위는 입력 좌표의 단위와 같다.

$$d^2 = (x_2 - x_1)^2 + (y_2 - y_1)^2$$

$$\rightarrow d = \sqrt{(x_2 - x_1)^2 + (y_2 - y_1)^2}$$

이 거리 계산은 사칙연산 기호, 지수 기호(^), 루트(√) 기호를 의미하는 sqrt( ) 함수, 그리고 괄호를 이용하면 가능하다. 참고로 테스트 코드 하나를 소개한다.

다음 두 지점의 직선거리를 구하시오. 두 지점의 좌표, P_1 = (100, 200), P_2 = (57, 75).

좌표를 표시하는 체계의 길이 단위는 (km), 방법은 코드를 이용한 연산, 코딩으로 풀어야만 하는 이유로 정리한다. 이유가 없으면 각자 알아서 편한 방법으로 풀면 된다. 간단한 계산을 꼭 코딩으로 풀어야 할 이유는 없다. 컴퓨터는 단위를 주지는 않는다. 문제에서 제공된다. 꼭 기억하고 있어야 한다. 추천하는 방법은 코드에 메모하는 방법이다. 그 메모는 # 다음에 필요한 내용을 적으면 된다. # 기호는 컴퓨터가 작업을 하지 않는 라인이다. 계산된 거리는 132km이다.

```
sqrt((100-57)^2 + (200-75)^2)
132.1893
```

그러나 해양 연구를 하는 사람은 평면이 아닌, 구면(球面)의 지구 표면에 위치하는 두 지점의 거리를 구해야 하는 경우가 빈번하다. 해양에서 위치 정보는 (경도, 위도) 각도로 제공되는 경우가 대부분이다. 각도는 거리가 아니므로, 이 정보를 이용하여 두 지점의 거리를 계산할 수는 없다.

대략 위도 1도, 경도 1도의 거리 정보를 이용하여 평면에서 피타고라스 정리로 계산할 수도 있지만, 이 방법은 구면인 두 지점 사이의 거리를 평면으로 가정하기 때문에 두 지점의 거리가 늘어나는 경우, 거리가 짧아지는 문제가 발생한다. 일단 문제는 분명하다.

문제

구면에서 두 지점 사이의 정확한 거리를 구하시오.

이 문제는 코딩으로 어떻게 계산할까? 기하, 도형에 대한 기본 지식이 필요하다. 지구 표면에서 어떤 두 지점(P_1, P_2)의 거리를 계산하려면 그 두 지점과 지구 중심을 포함하는 지구의 단면, 대원(大圓, great circle)의 일부에 해당하는 원호의 길이를 계산하는 문제가 된다. 여기에서, 대원의 중심은 지구 중심, 반지름은 지구 반경($R = 6{,}371$km)이다. 거리를 구하는 문제가 원호의 길이 문제이면, **삼각함수**가 등장한다. 왜? 삼각함수를 이용하면 문제를 풀 수 있기 때문이다. 두 지점을 연결하는 호의 크기, 각도(θ)만을 계산하면 된다. 그 계산 공식은 다음과 같다.

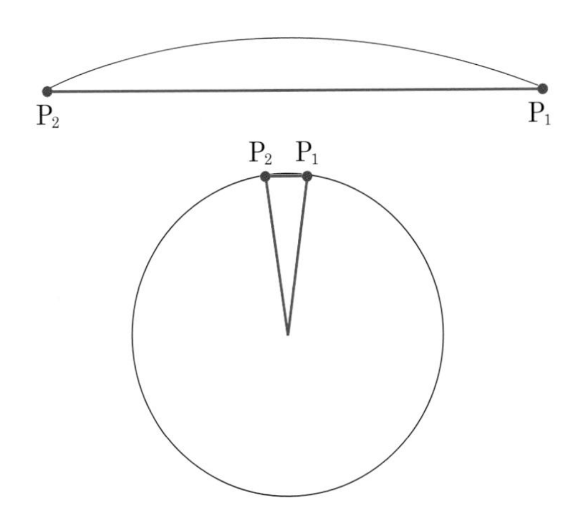

$$\sin^2\left(\frac{\theta}{2}\right) = \sin^2\left(\frac{\phi_2 - \phi_1}{2}\right) + \cos(\phi_1) \cdot \cos(\phi_2) \cdot \sin^2\left(\frac{\psi_2 - \psi_1}{2}\right)$$

여기에서, 지구 표면에 있는 두 지점(P_1, P_2)의 위치는 일반적으로 (경도, 위도) 각도로 표현된다. $P_1(\phi_1, \psi_1)$, $P_2(\phi_2, \psi_2)$에서 ϕ_1, ϕ_2는 각각 P_1, P_2 지점의 경도, ψ_1, ψ_2는 각각 P_1, P_2 지점의 위도이다. θ는 두 지점을 연결하는 원호의 각도(크기)이다.

모든 문제의 풀이 과정을 다 이해하면 바람직하지만, 이미 이해한 사람의 도움을 받아도 된다. 따라서 어떤 문제를 효율적으로 푸는 방법으로 적절한 공식 선택을 추천한다. 어떤 문제를 풀 수 있는 입증된 공식을 선택하여 이용하면 된다. 공식에 대한 기억이, 이해를 못 해도 그냥 암기하고 사용하면 된다는 부정적인 의미로 다가오지만, 해양을 포함한 과학 분야에서는 수학적으로 완벽하게 유도된 공식뿐 아니라, 다양한 경험 공식이 매우 활발하게 사용되고 있다.

두 지점을 지나는 대원의 원호 각도를 구하면, 그 길이가 거리이다. 여기까지는 수학이고, 현실에서 만나는 문제는 대원의 반지름이다. 대원의 반지름이지만 지구의 반지름이다. 지구의 지름은 평균 6,371km(≒6,400km)로 간주하여 계산한다. 여기서 잠깐, 적도 기준 반지름(=6,378.1370km)과 남극-북극 기준 반지름(=6,356.7523km)이 차이를 보이는 타원 형태의 지구라는 과학 지식이 생각나는가? 대원이 어느 지점을 지나느냐에 따라 조금(?)이지만 반지름이 차이를 보인다. 아주 작은 1~10미터의 오차가 있는 정확한 계산은 실제로도 매우 어려운 문제가 된다. 수학 문제와 실제 문제의 차이가 여기에서 발생한다. 이러한 문제는 관측자료를 이용한 경험 공식에 의존한다.

큰 틀에서는 수학적인 지식에 의존하고, 현실적인 상황은 관측/실험자료, 경험 공식에 의존한다. 과학의 현실이다. 물론 관련된 계산은 컴퓨터와 그 컴퓨터를 제어하는 코딩에 의존한다.

공식을 이용하여 각도(θ, radian unit)를 계산하고, 지구 반지름을 곱하면 두 지점의 거리가 계산된다. 이 계산은 R 프로그램 {pracma} 패키지에서 제공하는 haversine( ) 함수를 이용한다. 이 함수는 평균 지구 반지름(=6,371km)을 기준으로 계산한다. 실제 문제이니, 실제 자료를 이용하여 울릉도와 독도 사이의 거리를 계산해 보자. 두 지점의 기준은 울릉도 정상 성인봉, 독도의 동도와 서도 정상 지점으로 한다. 각각의 좌표는 다음과 같다.

- 울릉도 성인봉(정상), P1 : 37도 30분 09초(북위), 130도 51분 46초(동경)
- 독도, 동도 정상, P4 : 37도 14분 26.8초, 131도 52분 10.4초
- 독도, 서도 정상, P5 : 37도 14분 30.6초, 131도 51분 54.6초

이 계산을 수행하는 코드는 다음과 같이 구성된다. (1) 대상 지점의 (경도, 위도) 좌표 입력, 십진각도(Decimal Degree) 단위로 변환, (2) 입력 좌표를 이용하여 두 지점의 거리 계산, (3) 그 계산 결과를 출력한다.

계산 결과는 바로 화면에 출력된다. 물론, 파일이름을 부여하여 결과 정보를 저장할 수 있다. 함수를 사용하는 경우, 함수에서 요구하는 입력조건을 명확하게 확인해야 한다, 입력 실수는 잘못된 계산으로 이어진다. 여기에서 사용하는 함수는 위치 입력이 도-분-초가 아니라 십진각도 형식의 입력이 필요하다. 이 형식은 육십진법으로 표현하는 각도를 십진법을 사용한 숫자 형식으로 환산하는 과정으로, 도는 그대로, 분은 60으로 나누고, 초는 60×60=3,600으로 나누어서 모두 더하면 된다.

```
library(pracma)
```

```
R <- 6371

P1 <- c(37+30/60+09.0/3600, 130+51/60+46.0/3600)
P4 <- c(37+14/60+26.8/3600, 131+52/60+10.4/3600)
P5 <- c(37+14/60+30.6/3600, 131+51/60+54.6/3600)

## P1-P4 (울릉도-독도 동도),
   P1-P5 (울릉도-독도 서도) 거리 계산
haversine(P1, P4)
haversine(P1, P5)

[1] 93.60552
[1] 93.19983
```

울릉도 정상에서 독도 동도, 서도 정상까지의 거리는 각각 93.6km, 93.2km 정도로 계산된다. 거리 계산 결과는 km 단위로 제공된다. 코드로 문제를 풀면 단위가 없는 숫자만으로 결과가 제공되기 때문에, 그 계산 결과의 단위 체크는 매우 중요하다. 입력자료의 단위 체크 문제도 마찬가지다. 단위 체크는 사용자가 해야 한다. 컴퓨터의 도움을 받을 수 있지만, 사

알아두기 해리와 각도 거리

• 해리(海里, nautical miles)는 바다에서 사용하는 거리 단위로, 위도 1분(1/60도)에 해당하는 거리이다. 이 거리는 위도 1도=111.13209km 기준으로 계산하면 111.13209km/60=1.852km=1,852m이다. 바다에서 사용하는 속도 단위인 노트는 한 시간에 1해리를 가는 속도로 시속 1.852킬로미터, 이 속도를 (m/s) 단위로 환산하면 0.514(m/s) 대략 초속 0.5미터(=0.5m/s) 정도이다. 육지의 거리 단위로 사용되는 1마일(miles) =5,280feet=1.609344km=0.868976 해리이다. 단위 환산도 자주 하는 작업으로, 곱하기, 나누기 문제이다.

• 지구에서의 각도 거리는 경도(ϕ)와 위도(ψ)의 거리이다. 경도 1도와 위도 1도의 거리는 위도의 함수로 다음과 같은 공식으로 계산된다. 공식은 매우 유용한 자원이다. 어떤 경우에는, 매우 복잡해질 수도 있는 코딩을 간단하게 해결한다.

→ 위도 1도의 거리=111.13209−0.56605*cos(2*ψ)+0.00120 *cos(4*ψ)

→ 경도 1도의 거리=111.41513*cos(ψ)−0.09455*cos(3*ψ)+ 0.00012*cos(5*ψ).

• 각도(경도, 위도) 입력 방법은 두 가지가 널리 이용된다. 전통적인 방법인 도/분/초를 구분하여 입력한다. 또 하나의 방법은 연산에 편리한 수치로 입력하는 십진각도(Decimal Degree) 방법으로, 도/분/초를 소수점을 포함한 도로 환산한 수치를 입력한다. 그 환산 공식은 다음과 같다. DD=도+분/60+초/(60*60). 수학함수는 각도(°)가 아닌, 라디안(radian, rad.) 단위의 각도를 이용한다.

예를 들면, $30^o = \left(30^o \times \frac{2\pi}{360^o}\right) = \frac{\pi}{6} = 0.5235988$ 라디안이다.

용자만이 할 수 있다. 그 체크 방법은 코드에서 사용하는 변수의 단위 내용을 추가하는 방법이 유일하고, 가장 효과적이다. 코드는 계산만 한다. 단위는 프로그래머가 '분명하게' 설명하는 내용을 기록해야 한다. 코드에 포함하고 싶은 어떤 메모, 설명 등은 # 기호를 이용한다.

마지막이다. 왜 이 문제를 코딩으로 풀어야 할까? 다른 방법으로 한다면, 복잡한 계산 절차를 포함하는 코딩이 필요하다. **코딩을 이용하면 코딩 세계에서 공유되는 다양한 검증된 함수의 지원을 받을 수 있다.** 이러한 도움을 받지 않고 작업을 하고자 하는 경우, 어떤 계산에 필요한 모든 도구 하나하나를 직접 다 만들어서 사용해야 한다. 이상이다. 코딩을 이용하는 구체적인 이유로 충분한가? 물론, 이 문제를 풀어야 하는 사람에게만 해당된다.

코딩으로 미분-적분을 한다

수학이 어렵다고 말할 때 주로 미분, 적분 분야를 예로 든다. **기벡**, **미적**, **확통**으로 이어지는 중간단계이다. 미분, 적분이 어렵지 않다고 하면 비난이 쏟아지겠지만 그래도 미분, 적분에 대해 쉽게 설명해 보자. 코딩으로 하는 **미분은 나누기**, **적분은 합하기(더하기)** 개념으로, 어려운 개념이 아니다. 코딩으로 하는 미분과 적분을 수치미분, 수치적분이라고 한다.

수학적인 미분, 적분은 극한(limit)이라는 개념을 도입하여 정의하는 함수이다.

$$\text{미분 정의}: \frac{df(x)}{dx} = f'(x) = \lim_{h \to 0} \frac{f(x+h) - f(x)}{h}$$

$$\text{적분 정의}: \lim_{dx \to 0} \int f(x)dx = F(x) + C, \quad \frac{dF(x)}{dx} = f(x)$$

그러나 컴퓨터를 이용한 미분과 실제 연구 영역에서 이용하는 미분은 필자의 작업 범위에서 볼 때 '나누기'이고, 구체적으로 무엇을 무엇으로 나누는가의 문제이다. '나누기'를 이해하는 수준이라면, 코딩 미분을 이해할 수 있다. 미분을 조금 더 설명하면 '작을 미(微)'+'나눌 분(分)', 어떤 것을 작게 나눈다는 뜻이다.

미분은 단어 자체의 나눈다는 의미와 더불어, 실제 미분 개념이 활용되는 연구 영역에서는 어떤 인자가 변할 때 다른 인자는 얼마나 변하는지 그 변화 비율을 계산하는 나누기 문제로 확장된다. 그 나누기 문제는 작게 나눈 어떤 것의 '크기'가 사용된다.

수학에서는 개념적으로 작게 나누기를 극한의 작은 크기

(0, 무한소)로 확장한다. 수학의 세계에서 사용하는 함수는 수학적인 미분이 가능하지만, 컴퓨터를 이용하는 현실 세계에서는 근접한(approximate) 미분, 나누기 문제로 바꾸어서 사용한다. 수치미분, 수치적분은 컴퓨터로 하는 미분, 적분이다. 컴퓨터는 무한을 처리할 수 없다.

미분은 현실에서 매우 널리 이용되고 있다. 물론 해양 연구 분야도 예외는 아니다. 여기에서는 매우 중요하고 널리 이용하는 미분 문제를 하나 소개하면서 설명하고자 한다. 그 문제는 속도를 구하는 문제이다. 속도는 거리를 시간으로 미분하는(나누는) 문제이다.

태풍 중심의 이동 속도를 계산하는 문제

태풍(typhoon)은 얼마나 빨리 움직이는가? 태풍은 강한 바람으로 폭풍 해일을 일으켜 연안 해역에 큰 피해를 입히는 대표적인 자연재해이다. 태풍은 중심의 위치, 중심기압, 태풍 영향 영역에서의 풍속, 기압분포, 태풍의 이동경로 및 속도 다양한 인자가 변동하면서 이동하기 때문에 이동경로 예측이 매우 어렵다.

태풍 연구에서 태풍에 의한 풍속, 수면 변화, 파고 예측이 중요한 문제이지만, 매우 복잡한 바람과 해수 표면의 상호작

용에 의한 파고 발생 및 수면 상승 정도 계산은 파랑 발생(wind-wave generation) 모델을 이용한다.

여기서에는 태풍의 이동 특성을 살펴보기 위해 **태풍 이동속도**를 계산하기로 한다. 태풍이 파도를 만드는 과정은 매우 복잡한 역학적인 과정을 거치기 때문에 여기에서는 생략한다. 다만 태풍 중심의 이동속도는, 대략 6시간 간격으로 제공되는 위치 정보(정확도는 ±0.1도 = ±10km 수준)를 이용하여 속도 계산을 할 수 있다. 태풍은 2003년 9월 발생한 '매미'를 대상으로 한다. 그리고 6시간 간격으로 제공되는 태풍 중심의 (경도, 위도) 위치 정보를 이용한다.

중요한 관측 개념을 소개한다. 우리는 속도를 직접 측정할 수 없으며, 속도를 계산할 뿐이다. 우리가 직접 측정할 수 있는 항목은 거리(meter), 시간(second, 초), 질량(kg) 등 기본 물리단위로 한정된다.

태풍의 위치는 어떤 기준으로부터의 거리 측정이라고 할 수 있다. 우리가 측정할 수 있는 태풍의 위치 정보는 어떤 특정 시간에서의 위치(경도, 위도)로 시간과 거리를 측정한 자료이다.

그럼 속도는 어떻게 측정할까? 아니, 어떻게 계산할까? 속도는 시간 변화와 위치(거리) 변화의 비율로 정의한다. 시간 변화가 분모이고, 위치 변화(거리 변화, 시간 변화 동안에 변화한 거리, 이동 거리)가 분자인 나누기 문제이다. 작은 시간 간격을 기준으로 한 거리 변화는 현실 세계의 미분이 된다. 작은 시간 변화를 극단적으로 제로(0, 무한소 근처)로 접근하는 조건에서 거리 변화의 정도를 계산하는 나누기 문제가 수학적인 미분(극한) 문제이다.

따라서 어떤 시점에서의 태풍의 평균이동속도를 계산하는 원리는 '나누기' 문제가 된다. 어떤 연속되는 두 개의 시간에 해당하는 태풍 위치 정보를 이용하면 연속되는 두 지점의 거리를 계산할 수 있고, 그 거리를 연속되는 시간 간격으로 나누면 된다. 시간 간격을 아주 작게 하면 미분이 되고, 그 미분은 순간이동속도가 된다. 순간이동속도는 다음과 같이 수학의 극한 문제로 정의된다. 미분은 '나누기'의 극한이다. 극한과 나누기의 조합이 미분이다. 평균이동속도는 현실이고, 미분 속도는 이상(수학)이다. 순간속도는 미분 개념에 바탕한 용어이지만, 현실적인 정의를 기준으로 계산한다.

기상의 경우, 평균풍속은 보통 10분 평균, 순간풍속은 1~3초 평균을 의미한다. 미분을 기준으로 하면 0.00...01초 평균을 사용해야 하지만, 실제로는 불가능하다. 수학은 이상이고, 코드 미분은 현실이다.

평균이동속도: $V_m(t_1, t_2) = \frac{p(t_2) - p(t_1)}{t_2 - t_1}$

순간(극한)이동속도: $V(t) = \frac{dp(t)}{dt} = \lim_{t_2 \to t_1} \frac{p(t_2) - p(t_1)}{t_2 - t_1}$

여기서, $p(t_1)$, $p(t_2)$는 어떤 시간(t_1, t_2)에서의 위치이고, $V(t)$는 그 시점에서의 속도가 된다. 평균이동속도는 시간 t_1, t_2 구간의 평균속도이고, 순간이동속도는 그 구간이 점점 작아져서 특정 시점으로 한정된다. 순간이동속도는 어떤 특정 시점에서의 극한(수렴) 속도로 태풍의 위치가 수학적인 함수로 주어지는 경우 유도와 계산이 가능하다. 수학적인 지원은 어려움이 있지만, 현실 세계에서 측정되는 어떤 변화 양상(pattern)이 수학적인 함수로 표현되거나 근사할 수 있다면 매우 유용한 정보를 신속하게 추출할 수 있다는 장점도 있고, 특성 파악도 매우 수월해진다.

시간은 6시간 간격으로 일정하고, 각각의 시간 간격에서 이동 거리를 계산한다. 이동 거리는 지구 표면에 위치하는 두 지점의 거리를 계산하는 함수를 이용한다(두 지점의 거리 계산에서 설명). 간단한 나누기, (이동 거리)/6시간 = (km/시간), 시속으로 평균속도를 계산한다.

그럼 설명한 개념으로 태풍의 순간이동속도를 계산할 수

있을까? 수학적인 미분도 실제로는 나누기이다. 시간 간격을 점점 더 줄여 나가면 된다. 이 과정에는 중간 정보 추정이라는 개념이 필요하다. 미분이 의미를 가지려면 '미분 가능한'이라는 단어의 뜻을 알아야 하며, 이는 간단하게 '부드러운 변화'를 의미한다.

실제 급격한 변화라 할지라도 부드러운(smooth로, 급히 움직이는 점프jump 같은 변화는 없다는 의미, 연속적으로 변화가 발생한다는 의미이다. 점프나 스파이크 영역에서는 미분이 무한대로 증가하기 때문에 수학적인 이론을 적용할 수 없다) 함수를 이용하여 그 변화 양상을 표현하면 된다.

이 가정은 무한한 연속 실수로 표현하는 수학과 물리의 세계를 유한한 불연속 간격으로 다루는 실제 수치계산의 영역과 연결할 수 있다. 이 방법도 결국은 나누기이다. 컴퓨터는 극한을 처리할 수 없어 결국 극한 근처에서 멈춘다.

이상의 개념을 근거로, 6시간 간격 평균속도와 1시간 간격의 순간이동속도를 계산하는 소스(코드)를 작성하고, 그 프로그램을 수행한 결과를 그림으로 나타냈다. 붉은 선은 좀 더 부드러운, 작은 시간 간격의 순간이동속도에 근사한 값으로, 시간 간격을 1분, 1초로 줄이면 수학적인 의미의 순간속도에 근접한다고 가정한다.

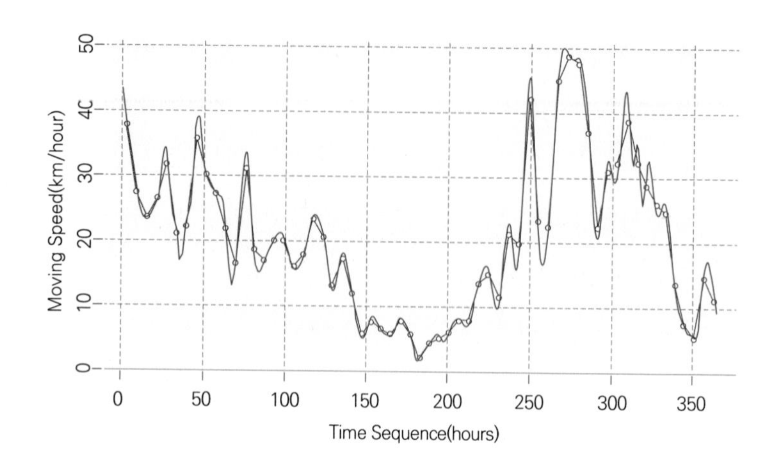

알아두기 연속과 불연속

연속이고 미분 가능한 이론의 세상에서 불연속인 수치 모형의 세계를 연결하는 함수와 함수를 이용한 빈틈(gap) 추정(interpolation, extrapolation)이다. 코딩으로 6시간 간격으로 계산한 태풍의 이동 속도와 부드러운(미분 가능한) 함수를 이용하여 1시간 간격으로 좀 더 부드럽게 계산한 태풍의 순간이동속도이다(위 그림의 붉은 선). 좀 더 부드러운 선으로 표현되고 있음을 알 수 있다. 속도 변화가 출렁거리는 듯한 형태가 자료의 문제인지, 실제 현상인지는 다양한 태풍 경로 자료와의 비교로 판단할 필요가 있다.

태풍의 전체 이동 거리를 계산하는 적분 문제

미분과 적분은 항상 짝을 이루는 개념이다. 바로 앞에서 설명한 미분으로 속도를 계산하는 과정과 연결하여 설명하면 미분과 적분의 관계를 이해할 수 있다. '**태풍 매미의 전체 이동 거리(km)**'를 구하는 문제는 적분 문제이다. 간단하게 구간 거리를 모두 더하면 된다. 여기에는 미분과 적분의 관계를 이용하여 계산하는 방법도 있고, 설명은 다르지만 두 방법은 같다.

미분과 적분의 관계는 태풍의 이동경로를 대상으로 하면 다음과 같이 표현할 수 있다. 이동거리의 시간 미분 $[dp(t)/dt \fallingdotseq \Delta p(t)/\Delta t = V(t)]$는 속도가 되고, 속도의 시간 적분은 다음와 같이 수식으로 표현하며, 태풍의 전체 이동 거리가 된다.

$$\int_{t_s}^{t_e} V(t)dt \approx \sum_{i=1}^{n} V(t_i) \cdot \Delta t = \sum_{i=1}^{n} \Delta p(t_i) = L_t$$

수학 적분이 수치적분에서는 작은 구간들의 정보를 모두 더하는 문제가 된다. 적분을 '더하기' 문제라고 하는 이유이다. 실제로도 구간 거리를 모두 더하는 적분 개념을 이용하여 전체 이동 거리를 계산한다.

모든 속도를 더하고(적분하고) 시간을 곱하여 계산한 태풍 매미의 전체 이동 거리는 7,524킬로미터이다. 태풍 매미의 일생이다. 요약하면 다음과 같다. 2003년 9월 4일 탄생, 2003년 9월 15일 소멸, 생존 기간 12일, 전체 이동 거리 7,542킬로미터, 평균이동속도 20.6km/hour, 최대 순간이동속도 50.0km/hour, 최소 순간이동속도 1.4 km/hour이다.

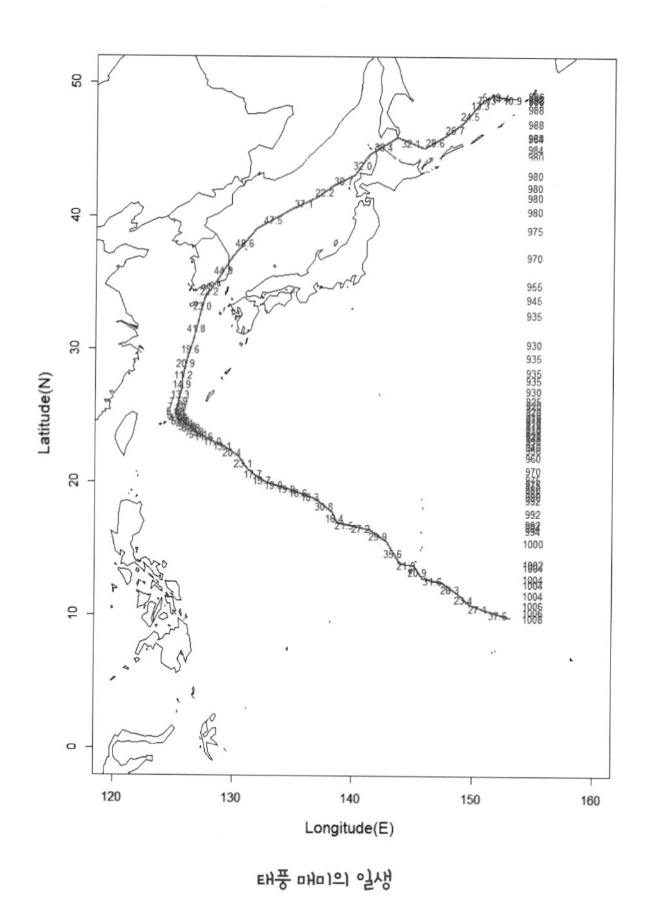

태풍 매미의 일생

이러한 미분, 적분 개념은 시간, 공간에 따라 변화하는 모든 물리, 환경, 생태 항목에 적용할 수 있는 유용한 도구이다. 해류의 속도, 수위 상승/하강 속도, 온도 변화 속도, 오염물질의 농도 변화 속도, 생물의 밀도 변화 속도, 어떤 생물의 성장 속도 등, 다양한 속도에 관련된 과학 분야는 해양 연구 영역으로만 제한해도 매우 다양하다.

이 모두가 미분, 적분을 이용해야 하고, 그 미분, 적분을 코딩으로 하면 더하기, 나누기 개념이면 충분하다. 다만 어색하다고 느껴지는 것은 미분, 적분에 사용하는 다양한 기호와 특성을 표현하는 수식, 함수 때문이다. 그러나 함수와 도형은 수학에서도, 그리고 과학, 해양과학 분야에서도 매우 유용하게 활용된다. 함수와 도형은 수학이라고 하지만, 모든 과학자는 함수와 기하(도형) 정도는 이해해야 한다. 그 이해 수준은 고등학교 수준 이상이면 바람직하지만, 코딩에서는 그 이하 수준으로도 계산은 할 수 있다. 그러나…….

코딩의 조건을 기억하여 정리해야 한다. (1) 태풍 매미의 중심 이동속도와 전체 이동 거리를 구하는 문제이다. 속도와 거리 문제로 문제가 명확하다. (2) 어떻게 풀 것인가? 주어진 조건이 태풍 중심의 시간에 따른 위치(좌표)이다. 미분-적분 개념을 이용하여 앞에서 충분하게 설명했으니, 통과. (3) 코딩으로 풀어야만 하는 이유는 **계산량이 많기 때문이다.** 태풍 매미의 6시간 간격 위치 정보가 63개로 두 지점의 거리 계산만 해도 62번을 해야 한다. 시간 간격을 더 작게 나누면(미분하면), 계산은 10배, 100배로 늘어난다. 자, 코딩으로 해야만 하는 이유로 충분한가? 직접 손으로 해보면 안다. 힘들다.

03 코딩으로 배우는 함수와 함수 그리기

수학 시간에 **함수(function)**라는 단어를 들어 본 기억이 있을 것이다. 해양과학과 코딩의 관계를 이야기하려면 앞에서 소개한 사칙연산과 함수는 필수이다. 함수란 무엇인가? 학교에서 배운 함수로는 다항함수, 삼각함수, 지수-로그함수 등이 있다.

먼저, 어떤 함수를 안다는 것은 무슨 의미일까? 함수는 $f(x)$, 함수 기호를 사용한다. 여기에서 함수의 구조를 살펴보면, 일단 변수에 해당하는 것이 무엇인가를 알아야 한다. 변수(변하는 수, variables) 그리고 **입력변수**(x)와 (계산되는) 출력변수, 함수를 구성하는 구체적인 연산 수식을 구분해야 한다.

입력변수(**독립변수**라고도 한다)가 어느 범위에서 변화하고, 그 변화하는 입력변수 조건에서 각각 함수를 표현하는 수식을 연산하면 출력변수가 된다. 입력변수 변화에 따라 출력변수가 변화하는 모습을 그려 보면 그 함수의 모습이 나타난다. 코드를 이용하면 아무리 복잡한 함수라 할지라도 그 함수를 알려준다.

함수의 구조는 컴퓨터의 관점에서 다음과 같이 표현한다. 이런 구조로 나타나면 함수라고 할 수 있으며, 기본적인 모델의 구조와도 동일하다. 해양과학에서 수학함수와 방정식을 이용하여 계산하는 프로그램을 모델이라고 한다. 그 모델의 기본구조는 함수와 같이, 입력정보(input)를 받아서 어떤 다양한 연산의 조합으로 구성되는 함수를 이용하여 계산하고, 그 결과를 출력(output)하는 부분으로 구성된다. 함수는 프로그램이고, 모델이 된다.

해양 연구 영역에서도 실제 영역에서 사용되는 함수를 가장 간단한 형태의 모델로 간주한다. 해양 연구 영역에서는 함수=프로그램=모델 모두 같은 유형의 도구로 인식한다. 구조적으로도 동일하다. 따라서 함수를 어떤 (연산) 작업을 하는 도구로 정의하고, 작업을 연산 이상의 작업으로 확장하는 경우, '코딩 = 프로그래밍 = 모델링' 관계가 성립한다.

알아두기 기본적이고, 널리 이용되는 함수

- 삼각함수: sin, cos, tan
- 다항함: $a_0 + a_1$, $a_0 + a_1x + a_2x^2$, ..., $a_0 + a_1x + ... + a_nx^n$,

$$a_0 + a_1x + ... + a_nx^n = \sum_{k=0}^{n} a_k x^k$$

(수학기호를 이용한 함수 표현)

- 지수함수, (자연)로그함수: exp, log10, ln= natural logarithm (ln)
- 이차방정식: $x^2 + y^2 = r^2$ (circle),

$$\frac{x^2}{a^2} + \frac{y^2}{b^2} = r^2 \text{ (ellipse)},$$

$$xy = k \text{ (hyperbolic)}$$

- Hyperbolic 함수: sinh, cosh, tanh

$$\tanh(x) = \frac{\sinh(x)}{\cosh(x)} = \frac{\frac{e^x - e^{-x}}{2}}{\frac{e^x + e^{-x}}{2}} = \frac{e^{2x} - 1}{e^{2x} + 1}$$

- Step 함수, 부호(sign) 함수: +, –; (0, 1); positive, negative 등등
- Normal distribution, 정규분포 함수(확률밀도함수):

$$f(x) = \frac{1}{\sqrt{2\pi}} exp\left[-\frac{x^2}{2}\right]$$

- X^2 distribution function:

$$f(x; k) = \frac{1}{2^{k/2} \cdot \Gamma(k/2)} x^{k/2-1} \cdot e^{-x/2}$$

(user) input	function	(computer) output
$x \rightarrow$	(program, model)	$\rightarrow f(x)$

사용자 입력 (Input)	$\rightarrow$	〔(컴퓨터) 연산〕 $f(x)$	$\rightarrow$	컴퓨터 출력 (Output)

기본적인 정리를 해보자. (1) 문제는 **기본적인 함수를 그리는 문제이다**. 기본적인 함수는 어떤 함수인가? 선택만 하면 된다. 여기에서는 필자가 제시한다. (2) 어떻게 푸는가? 어떻게 그리는가? 그리는 과정에 대한 설명은 통과한다. 학교에서 일차함수, 이차함수, 삼각함수를 한 번 정도는 그려 본 경험이 있을 것이다. (3) 코딩으로만 해야 하는 이유는 curve( ) 함수를 이용하면 아주 빠르게 그려준다. **아주 빠르다**. 그리고 **정확하게 잘 그린다**. 약간의 장식을 추가하면 그림이 보기에도 좋다. 이 정도이면 이유가 될까? 설명보다는 코드로 그린 함수를 감상하고 판단하길 바란다.

몇 가지 대표적인 함수를 코딩으로 그린 결과이다. 이 함수 그림을 보면 "아! 이런 형태를 보이는구나", 그리고 그 함수 이름을 그림과 연결하면 그 함수를 안다고 할 수 있다. 함수의 정체(identity)가 그림으로 드러나는 것이다. 그래서 함수는 그려 보면 안다고 한다.

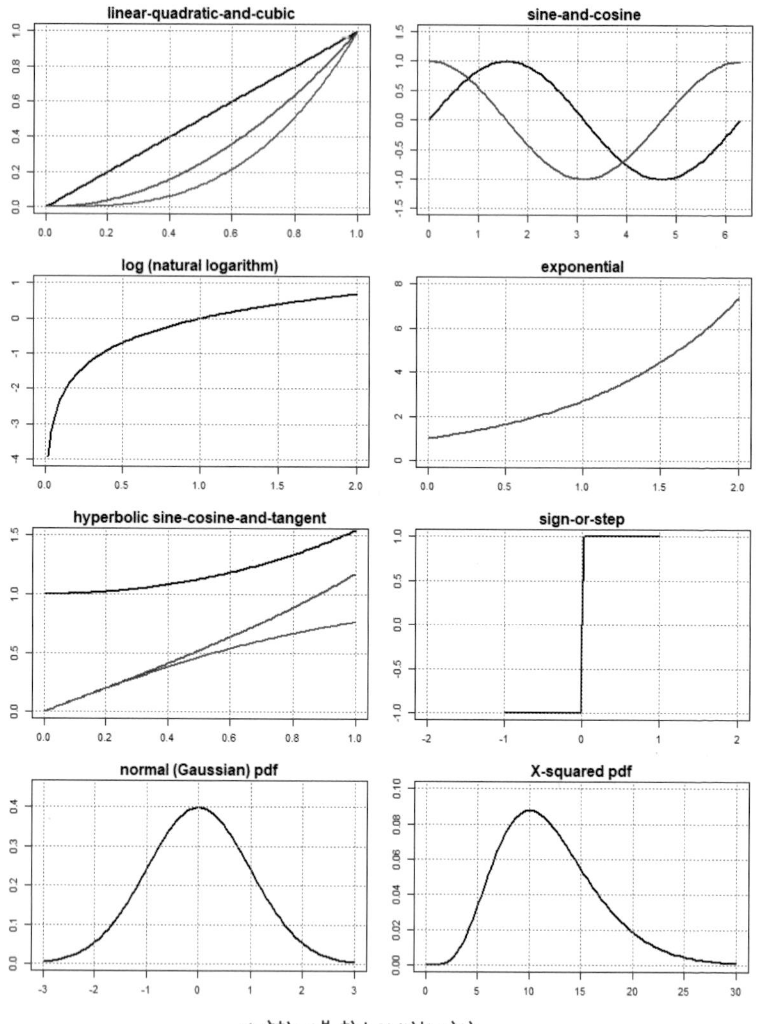

다양한 기본 함수의 변화 양상

함수는 어떤 자연현상을 표현하거나 어떤 변화 양상을 판단하기 위해 사용하는 도구이다. 어떤 현상을 대표하는 관측 항목의 수치가 변화하는 모습(양상, pattern)을 보고 그 모습에 해당하는 함수를 선택하여 표현하면 필요한 계산 등을 매우 효율적으로 할 수 있다.

함수로 표현하는 대표적인 자연현상은 조위(tidal elevation)이다. 조석이 강한 우리나라 서해/남해 바다에 가 보면, 시간이 흐르면서 규칙적으로 물이 들어오고 나가기를 반복하며 수위가 증가·감소하는 모습을 볼 수 있다. 이러한 현상은 어떤 주기를 가지고 반복하는 함수를 후보로 생각할 수 있다.

그 후보 함수는 기하/도형에도 사용되지만, 주기적으로 반복하는 어떤 현상을 표현하는 대표적인 함수, 삼각함수, 특히 sine 함수와 cosine 함수이다. 이 함수는 이름처럼 주기적으로 이용한다. 매우 기본적이고, 인상적이고, 유용한 함수이다.

학교에서 수학 시간에 함수를 배우지만, 대부분의 사람은 배우기만 하고 사용은 거의 안 하기에, 함수를 쓸모없는 것으로 여긴다. 과학자에게 함수는 든든한 도우미 역할을 한다.

04 코딩으로 간단한 도형 그리기

이 장에서는 도형에 대한 설명이 아니라, 코딩으로 간단한 도형을 그리는 방법을 설명하고, 그 코드로 수행한 도형 그림 결과를 보여준다. 다양한 도형이 있지만, 여기에서는 다각형으로 제한한다. 다각형은 꼭짓점의 개수로 이름을 붙이는 도형이다. 평면을 이루기 위해서는 최소 3개의 점이 필요하기에 평면에 그리는 다각형은 삼각형에서 시작한다.

코드를 이용하면 다각형을 빠르게 그릴 수 있고, 여기에서는 대칭/균형을 이루는 정다각형 그리는 방법을 설명하기로 한다. 반복하는 설명이지만, 먼저 어떻게 정다각형을 그릴 것인지 살펴본다. 정다각형은 일정한 간격으로 어떤 중심에서 일정한 거리에 꼭짓점이 있기 때문에 원(circle)을 이용한다. 원은 중심으로부터 일정한 거리에 있는 모든 점의 집합이라 원의 둘레에서 일정한 간격으로 점을 선택하여 연결하면 다각형이 된다. 선택하는 점의 위치는 원을 이루는 각도 360도를 균등하게 분할하고, 그 위치는 삼각함수를 이용하여 (x, y) 좌표로 변환한다. 삼각형의 경우 120도 간격, 10각형의 경우 36도 간격으로 균등하게 분할하면 된다. 선택하는 점의 개수를 3개부터 하나하나 늘리고 그 점을 연결하면 정삼각형, 정사각형, 정오각형…… 계속 정다각형을 그릴 수 있다.

과학적인 설명을 위한 그림을 그릴 때 기하학적인 도형과 점-선-면, 다각형 등은 그림 그리는 작업에 큰 도움이 된다. 다각형은 영역표시에 유용하다. 우리나라의 해양영토, 해양보호구역 등등 영역표시에는 지도와 다각형이 필요하다. 다각형을 그리는 방법은 꼭짓점의 좌표를 순서대로 입력하여 선으로 연결하면 된다. 그 작업은 코딩으로 한다.

한 번 정도 그릴 때에는 손으로 하기도 하지만, 손으로 작업하는 것이 얼마나 힘들고, 어려운가는 직접 해보면 알 수 있다. 그리고 마음에 들지 않는 경우도 많다. 손으로 하는 작업이 컴퓨터보다 정교하지 않기 때문이다. 손이 정교할까, 컴퓨터가 정교할까? 어떤 작품을 평가하는 것이 아니라면, 당연히 기계, 컴퓨터가 정확하다.

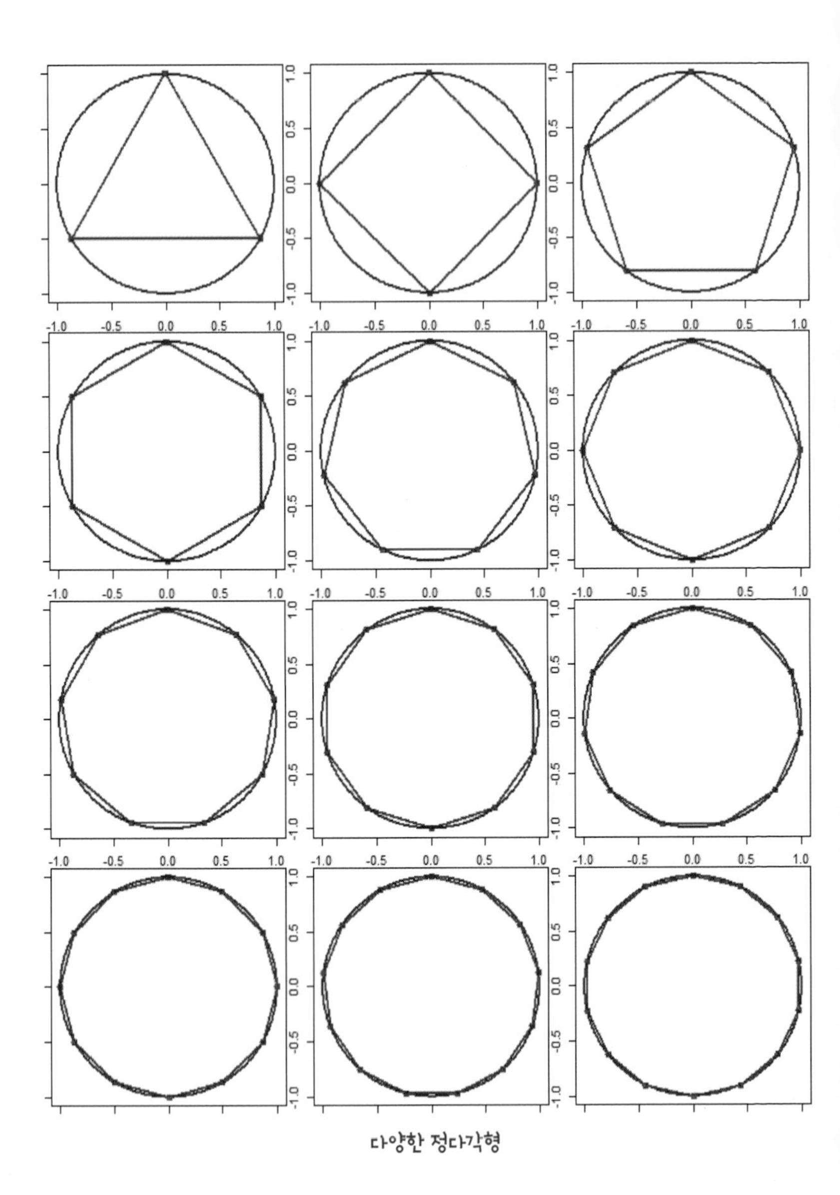

다양한 정다각형

알아두기 위치를 표시하는 좌표체계(coordinate system)

입체에 해당하는 지구(구, sphere)의 위치를 평면에 표시하는 경우, 약간의 오차는 피할 수 없다. 그러나 평면에 위치를 표시할 때에는 매우 편리하다. 일반적인 위치 표시는 직각좌표계(수학에서 가장 기본적으로 이용되는 좌표계)를 이용하지만, 방향 정보를 포함하는 정보에는 극(polar)좌표계를 이용한다. 크기와 방향으로 구성되는 정보로 우리가 보통 벡터(vector)라고 하는 정보이다. 벡터는 크기와 방향으로 구성된 정보이다.

직각좌표계의 기준이 되는 위치는 원점이다. 반면, 극좌표계는 원점이지만, 방향 기준이 추가로 필요하다. 이 기준은 매우 다양하다. 수학에서는 동서남북의 정동 방향을 기준으로 하며, 반시계 방향으로 각도를 0~360도 범위로 부여한다(또는 ± 기호를 이용하여 0~±180 범위로 부여하기도 한다. 음수의 의미는 시계 방향을 의미한다). 직각좌표계는 다음과 같은 변환 과정(공식)을 거쳐 극좌표계로 변환하고, 그 반대도 적용된다.

$$x = r\cos(\theta),\ \ y = r\sin(\theta) \ \ \leftrightarrow$$

$$r = \sqrt{x^2 + y^2},\ \ \tan(\theta) = y/x$$

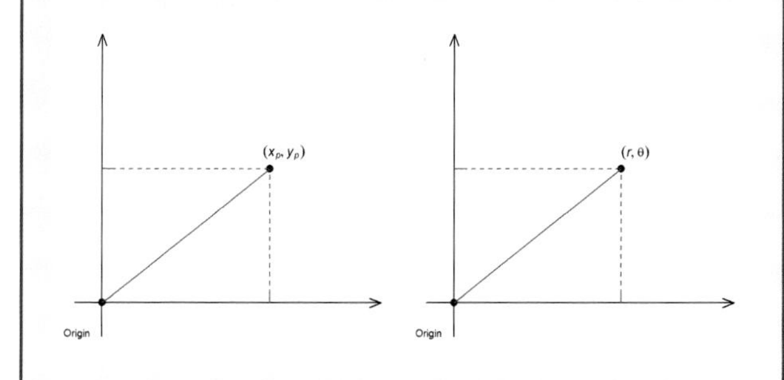

그러나 방향 정보가 포함되는 대표적인 바람 정보의 방향 기준은 과학 분야에서 독특하다. 일단 방향을 원점 기준으로 바람이 불어오는 방향(원점으로 들어가는 방향)으로 정의하기 때문에 일반적인 벡터 방식과는 차이가 있다. 정북 방향인 경우에 북쪽에서 불어오는 바람으로, 보통 북쪽에서 남쪽 방향으로 불기 때문에 방향을 남쪽으로 간주하지만, 기상은 북쪽 방향으로 간주한다. 그리고 이 방향을 동서남북으로 표현하지만, 각도로 표시할 때에는 정북을 기준으로 시계 방향으로 0~360 각도를 부여한다. 마찬가지로 ± 기호를 이용하여 0~±180 범위로 부여하기도 한다, 여기서 음수의 의미는 반시계 방향을 의미한다.

반면, 해양에서 흐름(current), 파랑(wind wave) 등의 방향을 표시하는 방법은 원점을 기준으로 흘러가는 방향이다. 해양 관측장비로 방향을 측정하는 경우, 자기 정보를 이용하므로 북쪽이다. 방향을 정북을 기준으로 시계 방향이 되며, 시계 방향으로 0~360 각도를 부여한다. 마찬가지로 ± 기호를 이용하여 0~±180 범위로 부여하기도 한다. 그러나 관측 방향은 자석 기준 북쪽(자북)이고, 지도는 도북, 진짜 북쪽은 진북이기 때문에 그 크기에 대한 조정이 필요하다.

한편, 평면으로 간주되는 지구 표면의 정보는 이미 국제적으로 (경도, 위도) 위치 정보 체계로 확정된 상황이다. 영국 런던 교외의 그리니치 천문대를 지나는 경도를 기준으로 동쪽 방향(동경), 서쪽 방향(서경)으로 각각 0~180 범위의 각도를 부여하고 있으며, 적도를 기준으로 북쪽(북위) 방향, 남쪽(남위) 방향 각각 0~90 범위의 각도를 부여하고 있다. 두 개의 각도 기준이 사용되고 있으며, 각각의 방향은, 경도 E, W, 위도 N, S 기호로 구분한다. 지구의 표면 위치는 물리적인 거리가 아니라 각도로 위치를 부여하는 방식이라 물리적인 거리로 환산하려면 적절한 변환 과정이 필요하다.

05 다양한 공식이 주도하는 과학, 공식의 세계

모든 자연현상을 이론으로 설명할 수 있을까? 아직도 이론으로 설명되지 않는 부분이 있다. 그 한계는 (경험) 공식으로 극복한다. 해양 연구에서 공식이 차지하는 비중은 얼마나 될까? 수학적인 이론도 매우 큰 비중을 차지하지만, 수학에서 유도되는 공식, 수학적으로 유도되지는 않지만 해양 연구에 활용되고 있는 다양한 경험 공식은 일반인에게는 낯선 영역이다.

해양 연구의 많은 분야에서는 의외로 공식을 많이 사용하며, 핵심적인 정보 계산에 이용한다. 그리고 그 공식은 좀 더 정확한 계산이 필요한 경우에 보통의 공식과는 비교할 수 없을 정도로 복잡해진다. 근의 공식 정도 수준이 아니다.

해양 연구에서 사용하는 중요한 정보를 계산하기 위한 몇 가지 공식을 소개한다. 코딩이 아니고는 공식을 이용할 수 없는 상황이다. 손으로 계산하기에는 너무나 지겹고 힘든 수준의 공식이다. 공식을 사용하는 개념은 매우 간단하다. 다만, 계산 단계가 많을 뿐이다. 그래서 코딩이 필요하다.

포화 용존산소 농도를 계산한다

해양생물의 서식 환경을 판단하는 중요한 지표로 용존산소 농도가 이용되고 있다. 바다의 용존산소는 생물의 생존을 결정하기 때문에 매우 중요한 환경인자이다. 용존산소는 해수 표면(sea surface)을 통하여 대기에서 공급되고, 수심 방향으로 또는 혼합과정을 거쳐 이동·확산된다.

이 용존산소는 대기에서 공급되는 산소가 물속에 녹아 있는 형태로 공급되며, 용존 가능한 최대 농도는 수온과 염분의 영향을 받는다. 주어진 수온과 염분 조건에서 최대로 녹아 있는 산소 농도를 포화 용존산소라 하고, 그 계산은 공식을 이용한다. 이 공식은 수학적으로 유도되는 식이 아니라, 실험에서 얻은 결과를 함수를 이용하여 만든 경험 공식이다. 자연의 어떤 특성(property)을 표현하는 공식이라고 할 수 있다.

계산 목적과 원하는 정도(accuracy)에 따라 다양한 공식이 있지만, 해수에 존재하는 최대 용존산소(dissolved oxygen,

DO) 농도는 공식을 이용하고, 계산을 위해서는 수온(T)과 염도(salinity, S) 자료를 입력해야 한다.

공식으로 계산할 때 이용하는 입력정보와 결과에는 단위 체크가 매우 중요하다. 수온은 켈빈온도(K)로 입력해야 하고, 염분은 PSU 단위로 입력해야 포화 DO 농도가 mg/L 단위로 계산된다. 약간 복잡해 보이는 공식과 계산 코드는 다음과 같다. 공식은 보통 코드에서 함수로 정의하여 계산한다. 코드에서는 섭씨온도로 입력하면 켈빈온도로 변환하도록 했으므로, 섭씨온도로 입력하면 된다. 공식을 분해하여 보면, 자연로그 함수(natural logarithm)와 다항함수의 더하기 형태임을 알 수 있다. 계산이 복잡하지만, 어려운 수식은 아니다.

$$
\begin{aligned}
\ln(DO_s) = & -139.34411 + (1.575701 \times 10^5 / T) - (6.642308 \times 10^7 / T^2) \\
& + (1.243800 \times 10^{10} / T^3) - (8.621949 \times 10^{11} / T^4) \\
& - (S/1.80655) \\
& [(3.1929 \times 10^{-2}) - (1.9428 \times 10 / T) + (3.8673 \times 10^3 / T^2)]
\end{aligned}
$$

```
## Definition of the saturated DO calculation function

sat_DO <- function(WT,S) {


WT <- WT + 273.15
```

```
LHS1 <- -139.34411 + 1.575701*10^5/WT - 6.642308*10^7/
        WT^2
LHS2 <- 1.243800*10^10/WT^3 - 8.621949*10^11/WT^4
LHS3 <- -(S/1.80655)*(3.1929*10^-2 -1.9428*10/WT
        + 3.8673*10^3/WT^2)

sat_DO <- exp(LHS1+LHS2+LHS3)
return(sat_DO)
}
```

앞에서 설명하지 않은 코드 한 줄을 소개한다. function( ) { } 명령코드로 함수를 정의하는 코드이다. '<-' 기호를 이용하여 함수 이름을 부여하고, function 코드 괄호에 포함되는 문자로 입력정보를 지정하며, 그 입력정보를 이용하여 { } 사이에 포함되는 연산을 수행하라는 코드이다.

일단 시험해 보자. 이 함수 정의 부분을 먼저 실행하면, 오류(error) 문구 없이 수행된다. 아무 반응도 보이지 않지만, 컴퓨터는 함수를 이용하려고 준비한 것이다. 이용은 다음과 같이 하면 된다. 수온은 10℃, 20℃, 염분은 35PSU 조건을 각각 입력한다.

```
> source("sat_DO.R")
```

함수는 함수 이름으로 정의된다. source( ) 함수를 이용하여 특정 함수를 실행하면 그 함수를 사용할 수 있다. 당연하지만, 함수 사용에는 입력 순서가 매우 중요하다. 이 함수의 경우 수온, 염분 순서로 입력해야 한다. 입력 순서를 무시하고 싶다면 입력자료가 각각 무엇인지를 별도로 다음과 같이 지정하면 된다. sat_DO(S = 35, WT = 10). sat_DO(10, 35) 계산과 같은 결과를 얻는다. 인터넷 환경에서는 이 source( ) 함수 사용이 제한되어, 함수 정의 코드를 같이 실행해야 한다.

함수를 이용하여 계산한 포화 DO 농도를 계산한 결과는 다음과 같다.

```
sat_DO(S=35, WT=10)
sat_DO(S=35, WT=20)
```

```
[1] 9.024436
[1] 7.3962
```

수온 섭씨 10도, 20도 조건에서 계산된 결과는 각각 9.024, 7.396로, 단위 mg/L는 프로그래머가 처리해야 하며, 당연히 간단한 해석도 프로그래머가 할 일이다. 계산된 결과를 해석하면, 염분 30PSU, 수온 섭씨 10도, 20도 조건에서 포화 용존산소 농도는 각각 9.02(mg/L), 7.40(mg/L)이다. 수온이 높아지면 포화 용존산소가 줄어듦을 알 수 있다.

수온이 높아지는 여름철에 해저 퇴적물질(sediment)의 오염이 심한 해역의 경우, 대기에서 공급되는 산소가 풍부하다고 해도 최대 용존산소 농도는 높은 온도에 따라 낮아진다. 잔잔한 내만(inner bay)에서는 성층현상이 발생하여 표층의 용존산소가 저층으로 이동하는 것을 방해하고, 저층의 저서생물은 호흡으로 산소를 소비하기 때문에 산소가 부족하거나 고갈되는 현상이 발생한다. 빈산소(hypoxia) 또는 무산소(anoxia) 상태(현상)로 보고되는 이 현상이 발생하는 정량적인 환경조건 연구나 모델의 개발-테스트 과정에서 포화 용존산소 농도 계산은 일부분이지만, 빠뜨릴 수 없는 핵심 부분이다.

이 정도 복잡한 공식은 연구자만 사용하는 것은 아닐까? 석사·박사는 아니더라도 해양환경 분야에 종사한다면 이 계산을 수행해야 한다. 다음의 포화 DO 농도 공식은 해양수산부 고시(제2018-10호, 2018. 01. 23.)에서 제시한 공식이다. 이 공식을 이용하여 해양환경 수질평가지수(WQI)에 필요한 포화 용존산소 농도를 계산한다. 이 농도 공식에서 계산되는 포화 DO 농도 단위는 ml/L, mg/L로, 변환하는 계수는 다음 관계를 이용한다(해양수산부, 해양환경공단, 2022).

1.0mg/L = 0.7mlO_2/L.(0℃, 1기압 조건)

$$\begin{aligned}\ln C = & -173.4292 + 249.6339 \times 10^2 \cdot T^{-1} + 143.3483 \times \ln(T \cdot 10^{-2}) \\ & -21.8492 \times T \cdot 10^{-2} \\ & - S(0.033096 - 0.014259 \times T \cdot 10^{-2} + 0.0017 \times T^2 \cdot 10^{-4})\end{aligned}$$

여기에서 T = 수온(K 단위, $K = 273.15 + C$), S = 염분(단위는 psu)이다.

더 복잡한 UNESCO 공식으로 밀도를 계산한다

해수의 밀도 역시 해양에서 매우 중요한 환경인자이다. 성층(成層, stratification), 지구 규모의 해류 순환 등을 모두 밀도의 시간·공간 차이를 이용하여 해석한다. 작은 밀도 차이가 장기적으로 지구 규모의 공간에서 중요한 역할을 하기 때문에 정확한 밀도 계산이 필요하다.

그 대표적인 공식은 UNESCO 공식으로, 공식 설명만으로도 한참 걸린다. '근의 공식' 그리고 바로 이전에 소개한 포화 DO 농도 공식과는 비교할 수 없는 수준이다. 이 정도로 복잡한 공식이라면 계산기를 눌러서 계산한다 해도 한숨부터 나온다. 코딩으로도 이 계산은 복잡하지만, 어려운 문제는 아니다.

공식에 기본적인 해양 지식이 포함되지만, 그 복잡함을 느끼는 수준은 모두 같을 것이라 생각한다. 복잡해도 그 공식을 꼼꼼하게 오타 없이 입력하여 성공적인 결과를 얻는다면 그 만족감은 대단하다. 직접 경험해 보기를 추천한다. 필자는 이 코드를 직접 입력하여 그 결과가 정확하게 나오는 것을 확인하고 코딩이 주는 작은 만족을 즐겼다.

밀도는 수온, 염분, 압력의 함수로 표현한다. 이는 곧 수온, 염분, 압력을 측정하여 밀도를 계산한다는 의미이다. 바다에서 관측하는 밀도는 직접 측정하는 것이 아니라 계산하여 얻은 값이다. 이 공식의 사용 범위는 다음과 같다. 수온은 0~40도, 염분은 0~42PSU 범위이다. 이 공식도 수학적으로 유도되는 공식은 아니다. 그러나 대부분의 해양학자가 사용하는 공식이라고 할 수 있다.

워낙 유명한 공식이라 다양한 프로그램에서 계산을 지원하고 있으며, 필자가 사용하는 R 프로그램 {oce} (Analysis of Oceanographic Data, 해양 자료 분석) 패키지는 해양에서 사용하는 이런 복잡한 공식의 대부분을 지원한다. 코딩 공부가 아니라면 이 패키지를 이용하는 것이 효율적이다. 코딩으로 접근과 지원이 가능하다면, 해양학자를 포함하여 해양에 관심이 있는 학생에게도 이 패키지 이용을 추천한다. 코딩은 모든 것을 다 직접 코딩하는 것이 아니라, 지원을 받을 수 없고 자신에게 필요한 계산, 활용할 함수가 없는 경우로 한정할 필요가 있다. 널리 공유되고, 쓸 수 있는 자원을 활용하는 것은 종속이 아니다.

그 복잡한 UNESCO 공식을 소개한다.

$$\rho(S, T, p) = \frac{\rho(S, T, 0)}{1 - \frac{p}{K(S, T, p)}},$$

여기에서 $K(S, T, p)$는 해수 압축계수(module of seawater compressibility)이다. 순서대로 코드의 관점에서 공식을 추가하는데, 해수 표면에서의 밀도로 정의하는 $\rho(S, T, 0)$에서 시작한다. 모든 공식은 계산할 수 있는 수준으로 설명하고, 표시해야 한다. 계수 입력정보는 별도의 파일을 만들어 이용하는 방식으로 코드를 구성했다. 세부적인 계산을 위한 수식은 참고로만 훑어보기를 바란다. 자세한 변수 설명은 생략한다.

① $\rho(S,T,0) = \rho_{SMOW} + B_1 S + C_1 S^{1.5} + d_0 S^2.$

② $\rho_{SMOW} = a_0 + a_1 T + a_2 T^2 + a_3 T^3 + a_4 T^4 + a_5 T^5$

$B_1 = b_0 + b_1 T + b_2 T^2 + b_3 T^3 + b_4 T^4,\ C_1 = c_0 + c_1 T + c_2 T^2$

③ $K(S,T,p) = K(S,T,0) + A_1 p + B_2 p^2$

④ $K(S,T,0) = K_w + F_1 S + G_1 S^{1.5},$

$$K_w = e_0 + e_1 T + e_2 T^2 + e_3 T^3 + e_4 T^4,$$
$$F_1 = f_0 + f_1 T + f_2 T^2 + f_3 T^3,$$
$$G_1 = g_0 + g_1 T + g_2 T^2$$

⑤ $K(S,T,p) = K(S,T,0) + A_1 p + B_2 p^2$

$A_1 = A_w + (i_0 + i_1 T + i_2 T^2) S + j_0 S^{1.5},$

$B_2 = B_w + (m_0 + m_1 T + m_2 T^2) S,\ B_w = k_0 + k_1 T + k_2 T^2.$

이상의 모든 계산 과정을 거치면 정확한 해수 밀도가 계산된다. 이 계산 과정을 코드로 작성하고, 함수로 정의하면 밀도가 계산된다.

코딩 작업이라 하면 조금 수준 높고 머리 쓰는 작업이라고 생각하는 사람이 많다. 코딩은 어떤 작업을 줄이는 것이 아니라, 그 작업을 반복하면 그 효율이 급격하게 높아지는 장점이 있다. 따라서 이렇게 복잡한 절차를 거쳐 계산하는 모든 과정을 코드로 작성하는 사람은 하나도 틀림 없이 입력하고, 처리하는 과정을 코드로 표기해야 한다.

이러한 작업이 어떤 면에서는 코딩이 지루하고 힘들게 보이기도 하지만, 일단 작업을 완성하면 컴퓨터는 그 성능으로 그 노고에 충분하게 보답한다. 훌륭한 공식 소개와 설명은 그 공식을 제시할 뿐 아니라, 테스트에 사용할 수 있는 예시에서 코드의 오류 여부를 체크할 수 있다. 복잡한 공식을 직접 입력하면 높은 확률로 입력 오류가 발생한다. 테스트 자료로 시험하는 과정은 코딩 수준이 낮아서 하는 것이 아니라, 일반적으로 입력 오류가 발생하기 때문이다. 저자가 작성한 코드는 생략한다.

밀도 계산에 이용하는 다수의 계수는 각 항목으로 정리하여 별도의 입력 파일로 만든다. 코드에 그 파일을 읽어 계수 정보를 간단한 변수 이름을 부여하여 할당한다. 코드가 길어져서 복잡해 보이지만, 이미 여러 번 설명한 기본적인 수학 연산이 반복된다. 참고로 계산되는 밀도의 단위는 kg/m^3이다.

인터넷 환경에서의 실행 코드는 다음과 같이 매우 간단하다. 패키지에서 제공하는 함수를 이용한 경우의 커다란 장점이다. 결과 화면도 바로 아래에 제시한다. {oce} 패키지에서 제공하는 함수 swRho( ) 이용이 얼마나 편하고, 효율적인지를 알 수 있다.

```
library("oce")

swRho(8, 10, 0, eos="unesco")
swRho(8, 10, 100, eos="unesco")

Loading required package: gsw
Loading required package: testthat
[1] 1005.946
[1] 1006.418
```

코딩으로 해 뜨는 시간과 해 지는 시간을 계산한다

해양에서의 온도 변화를 계산하기 위해서는 해 뜨는 시간, 해 지는 시간 계산이 매우 중요하다. 그 계산 공식을 이용하여 계산한 결과는 위도에 따라 다르다. 이 공식은 태양과 지구의 상대적인 위치와 각도를 공간에서 입체도형의 개념으로 접근하여 유도한다. 기하학적으로 유도할 수 있다. 유도 과정은 생략한다.

해가 뜨고 지는 시간은 경험적으로 느끼기 때문에 어떤 특정 시점에서의 계산만으로도 확인할 수 있다. 해가 뜨고 지는 시간 계산은 바다의 수온을 계산하는 연구자 대부분이 경험한 공식이다. 염분과 더불어 중요한 환경인자의 하나인 수온 변화 연구에 도움이 되는 공식이다. 그 공식은 다양한 삼각함수와 중고생들에게는 약간 생소한 역(inverse)함수도 등장한다. 그냥 함수의 일종이라고 생각하면 된다. 다양한 기호를 이용하지만, 그 기호가 무엇을 의미하는지 천천히 살펴보기만 하면 된다. 기호 설명이 이해가 안 된다면 독자의 수준 문제가 아니라 설명이 부족하기 때문이다.

수학 공식에는 그리스 문자가 자주 사용된다. 그러나 컴퓨터에서는 특수문자로 인식되어 입력이 제한되기 때문에 그리스 문자에 해당되는 영문 이름을 할당하여 사용한다. 반드시 지켜야 하는 규칙은 아니지만, 통상적으로 널리 사용되는 기호의 이름이기 때문에 이해가 쉽다. α = alpha, π = pi, θ = theta, φ = phi, ρ = rho, ω = omega 등등.

계산에 필요한 입력자료는 연중 일수(율리우스 일자Julian days), 관심 지점의 위도이다. 평년 기준으로 일 년 동안 해 뜨는 시간과 해 지는 시간의 차이에 해당하는 일조시간을 계산한다.

- 1단계: 지구 기준, 태양의 기울기(경사각도)를 다음과 같은 공식으로 계산한다.

$$\delta = 0.4093 \cdot \sin\left[\frac{2\pi}{365}(J - J_s)\right] = 0.4093 \cdot \sin\left(2\pi\frac{J}{365} - 1.405\right)$$

여기에서 계수 0.4093는 지구의 자전축 기울기(각도) 23.439° (radian 변환, $23.439° \cdot \pi/180° = 0.4093$), J는 율리우스 일자, J_s는 춘분의 율리우스 일(밤낮의 길이가 같은 일자, 춘분 3월 22일 기준 $J_s = 81$, 추분의 Julian days $= J_s + 365/2$), 율리우스 일자는 1월 1일 기준으로 경과한 날 수(number of days), 12월 31일은 365(윤년은 366).

- 2단계: 태양이 비추는 시간 각도를 계산한다.

$$\omega = \cos^{-1}(-\tan\phi \cdot \sin\delta),$$

여기에서 ϕ는 계산하고자 하는 지점의 위도(부산의 경우 위도 35°, 경도 129°, radian unit 변환)이다.

- 3단계: 계산된 시간 각도(radian)를 태양이 뜨고 지는 동안의 시간(일조 가능 시간, hours)으로 변환한다.

$$N = \frac{24\omega}{\pi}$$

부산 위도를 기준으로 해가 떠 있는 시간(일조시간, sunshine duration)을 계산한 결과이다. 코드는 다음과 같으며, 코딩의 자세한 설명은 생략한다. 위에서 기술한 순서대로 수식을 코딩하고, 그 결과를 그리는 코드이다. 결과 그림도 이어진다. 코드에서 그림 장식을 위한 부분은 생략했다.

```
## Sun-rise and sun-set hours... ==> (symmetric...)
## Latitude (Target Station: Busan)

TLT <- 34.00*pi/180
## Angle --> conversion to radian unit
JD <- 1:365   ## Julian days (1- 365) of the Year
YL <- 365.25   ## day unit length of the one year

## delta : sun-inclination angle

delta <- 0.4093 * sin(2*pi*JD/YL - 1.405)
omega <- acos(-tan(TLT)*sin(delta))
SHH <- 24*omega/pi

x_str <- "Julian Days (1-365)"
y_str <- "Potential sunshine hours (hour)"
plot(JD, SHH, xlim=c(0, 366), xlab=x_str, ylab=y_str, cex.
lab=2.0)
```

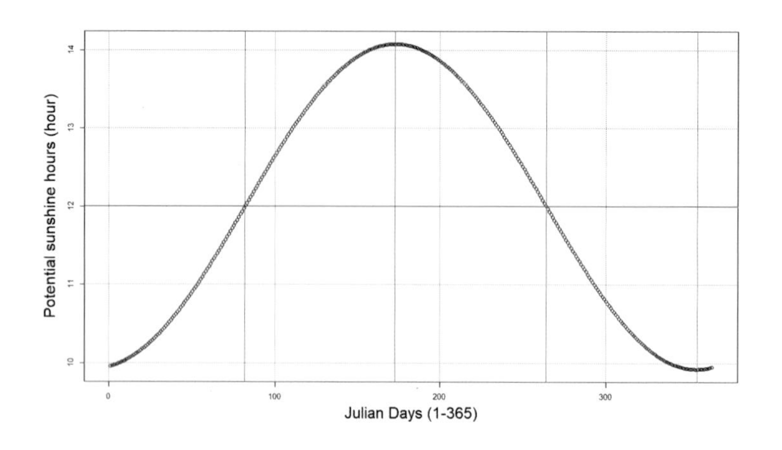

필자는 여러 번 계산해 보았지만, 이 공식은 매우 유용한 공식이다. 수식 작성 정도의 코딩 실력으로 충분히 계산할 수 있다. 공식은 해양과학의 든든한 지원 역할을 하고 있다. 공식 암기에 대한 비난이 쏟아지는 세상이지만, 해양과학의 세계에서는 공식의 활용은 피할 수 없는 과정이다. 이것도 공식, 저것도 공식. 이론적으로 유도되는 공식도 있지만, 이론적으로 유도가 되지 않는 경험 공식이라는 이름으로 우리를 도와준다. 공식, 공식에 공식적으로 감사를 표한다.

해가 떠 있는 전체 시간을 계산했다면, 어떤 지점에서의 해 뜨는(sun rise) 시간과 해 지는(sun set) 시간을 계산할 수 있다. 이 과정은 조금 복잡하다. 먼저 시간 기준이 되는 경도를 알아야 한다. 우리나라는 동경 135도를 기준으로 한다. 앞의 공식으로 계산한 전체 시간은 그 지점의 경도를 기준으로 대칭을 가정하기 때문에 기준 경도에 대한 시간조정이 필요하며, 그 계산은 하루를 각도로 표현하는 24시간 = 360도 조건을 이용한다.

부산의 경도를 129도로 가정하면, 대략 6도 차이를 보인다. 시간으로 환산하면 1시간은 15도, 6도이면 약 24분이다. 밤낮의 길이가 같은 춘분과 추분을 가정하면, 기준 경도에 위치하는 경우 오전 6시에 해가 뜨고, 오후 6시에 해가 진다. 해가 떠 있는 시간은 모두 12시간이다(나머지 12시간은 밤).

기준 경도에서 벗어난 지역은 조정이 필요하다. 부산의 경우 24분 늦어진다. 해 뜨는 시간은 6시 24분, 해 지는 시간은 오후 6시 24분이다. 왜 기준 경도가 135도일까? 영국 런던 근교의 그리니치 천문대(경도 0도)를 기준으로 시간 단위로 떨어지는 가장 근접한 경도, 그 경도가 동경 135도이며, 시간 차이는 +9시간(=135/15)이다. 우리나라가 영국보다 9시간 빨리 해가 뜬다.

06 지도를 코딩으로 그리기

해양과학은 현장 관측이 중요한 부분을 차지하기 때문에 관측 위치를 표현하는 지도를 그리는 경우가 매우 많다. 지도 그리는 작업에 대부분 코드를 이용하면 원하는 대로 다양한 지도를 그릴 수 있다. 구글맵 등을 이용하면 배경 화면이 고정(변경 불가)되는 단점이 있다.

코딩을 이용하면 내가 원하는 대로 지도를 꾸며 그릴 수 있다. 그 원리는 무엇일까? 중요한 모든 정보를 하나의 지도에 모두 담는 함축적인 지도 작업이 아니라, 개략적인 위치를 표현하고 간단한 정보만을 담는 지도라면 그 원리는 아주 간단하다. 해양과학자로서 지도 그리기는 해안선을 그리고, 어떤 지점에 기호나 문자 정보를 입력하는 수준이다. 예술 작품처럼 손으로 그릴 수도 있지만, 조금 잘못되거나 수정하고 싶은 부분이 있다면 다시 그려야 해서 지도 작업이 매우 힘겨울 수도 있다.

그러나 코딩을 이용하면 비교적 간단하게 수정작업을 할 수 있다. 무엇보다 뚜렷한 장점은 '여러 개'를 그릴 수 있고, 수정하더라도 처음부터 다시 그리는 것이 아니라 그 부분만 수정하면 된다. 수정작업이 편리하고, 다량 작업이 가능하다.

다수의 해안선 점 자료로 우리나라 바다 주변 지도를 그린다

우리나라 지도나 세계지도도 경도와 위도 범위를 제시하면 간단하게 그린다. 어떻게? 먼저 해안선을 그린다. 해안선은 선(line)이고, 선은 연속적인 점(point)의 집합이다. 그 점을 하나하나 선으로 연결하면 해안선이 되는데, 그 점이 한두 개가 아니다. 수천, 수만 또는 수십만 개의 해안선 점 자료를 이용하여 해안선을 그리면 기본 지도가 완성된다. 그 지도를 배경으로 원하는 위치에 기호(symbols)를 그리고, 설명하는 간단한 문자 정보를 입력한다. 그렇게 지도는 완성된다.

이렇듯 간단하게 지도를 그릴 수 있게 된 것은, 해안선을 그릴 수 있는 점 자료를 누군가가 만들어 놓았기 때문이다. 다행히 지도를 그릴 수 있는 많은 자료를 누구나 무료로 사용할 수 있게 제공하고 있다. 우리나라를 포함한 전 세계의 해안선

자료는 다양한 기관에서 제공하고 있다. 우리나라의 경우에는 국립해양조사원(www.khoa.go.kr)에서 연속되는 경도·위도 좌표 자료로 제공하고 있으며(옆의 QR 코드 활용), 사용 목적에 따라 약간 변형하여 사용할 수 있다.

이처럼 사용 가능한 자료를 이용하면 매우 간단하게 우리나라 지도를 그릴 수 있다. 그리고 또 하나, 이 지도를 기준으로 크기 변경, 복사, 축소 등이 아주 간단하게 수행된다. 문자나 기호 추가, 점(points), 선(line)이나 면(area) 등을 추가할 수 있으며, 작은 아이콘도 추가할 수 있다.

해양과학자를 포함한 현장을 관측하는 과학자는 지도 그리기가 필수이다. 지도에 관측지점, 어떤 시료의 채집지점을 정확하게 표기하는 것은 기본 중의 기본이며, 이 그림은 보통의 경우, 논문의 첫 번째 그림을 차지하는 경우가 많다. 논문의 첫 번째 그림, **Fig. 1**은 기본도(Base-Map)라는 뜻이 있고 얼굴이 되기도 하는 고유명사와도 같은 단어이다. 따라서 매우 중요하고, 가장 노력을 기울이는 그림이지만, 그림 그리기에 익숙하지 않거나 도움을 주는 프로그램이나 코딩에 익숙하지 않은 경우, 흡족하지 못한 수준의 그림으로 출판하는 안타까운 현실이 발생한다.

다음과 같이 그린 지도를 기본 지도(base-map)로 하고, 이

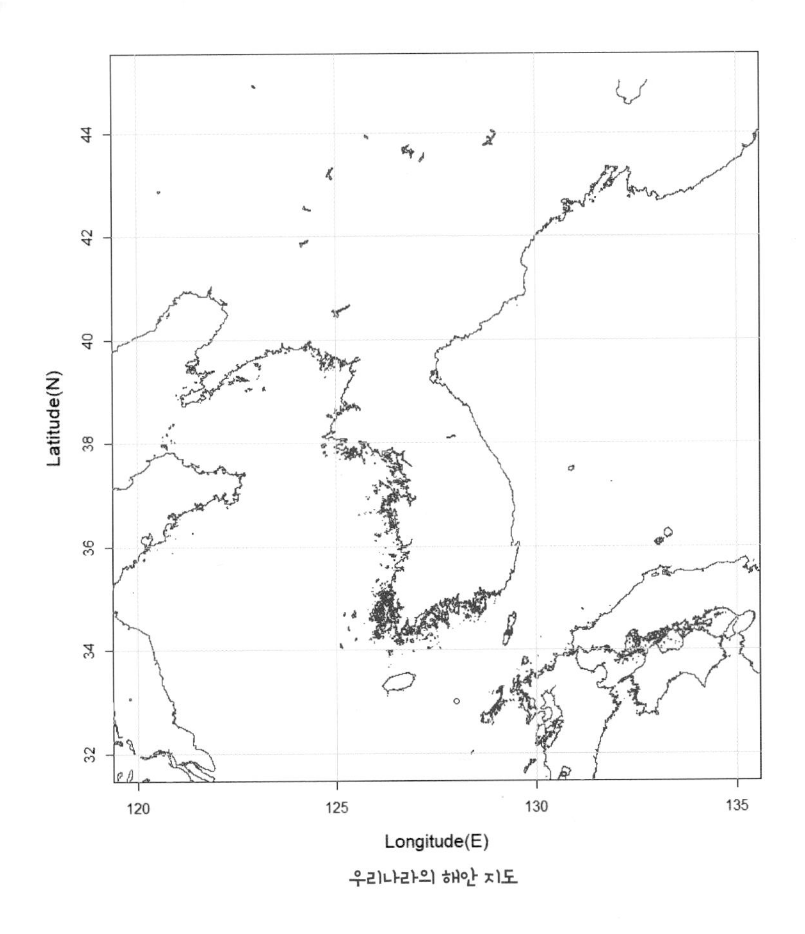

우리나라의 해안 지도

지도 위에 관측지점이나 관측 경로, 기타 필요한 정보를 넣어 보고서를 작성하거나 논문 작성에 이용한다. 지도의 범위는 연구 영역에 따라 다르다. 태풍을 연구하는 사람은 동남아시아 전역을 포함해야 하며, 기후변화를 연구하는 사람은 태평양, 세계지도가 기본이다.

코드로 지도를 그리거나 프로그램으로 지도를 그리는 것 모두 컴퓨터의 도움을 받는다. 그리고 지도 그리기를 지원하는 기본 정보(해안선 정보 등)의 공유가 인프라데이터(정보 자본)로 자리 잡고 있다.

태풍의 이동 경로와 밀도

태풍 연구로 지친 머리를 식히기 위해 어느 누구도 아직 하지 않은 것 같은 분석 하나를 살펴보자. 먼저 문제는 "가장 태풍이 많이 지나간 곳은 어디일까?"이다. 이 문제는 모든 태풍 경로를 입력하고, 그 경로 위치를 밀도로 표현하는 방법으로 풀 수 있다. 밀도가 클수록 태풍이 자주 지나간다는 의미이다. 궁금해서 한번 살펴보았다. 코딩이 아니었으면 궁금해도 해볼 수 없지만…….

코딩의 매력 중 하나는, 궁금하지만 조금 거창한 듯한 문제를 비교적 간단하게 해볼 수 있다는 것이다. 어느 누구도 관심이 없겠지만, 내가 궁금한 것, 어느 날 갑자기, 불현듯 등등의 단어처럼 말이다. 잠시 휴식을 취하다 보면 그사이 가끔 나만의 호기심이 작동하기도 한다. 그때 취미로 코딩을 한다.

문제에 대한 답은 밀도(태풍 통과 빈도) 그림을 그려 보면 드러난다. 필리핀 북동, 북서 해역이 태풍이 가장 빈번하게 통과하는 해역이다. 우리나라는 상대적으로 필리핀에 비해 태풍 내습 빈도 영향이 매우 작다. 수치를 비교하면 어느 정도인지도 알 수 있다. 약 9분의 1이다.

그림이 보기에 별로 안 좋다면, 이 자료를 이용하여 코딩으로 변경 디자인을 적용할 수 있다. 이 부분은 최근 중요한 '데이터 시각화(Data Visualization)' 영역으로, 복잡한 자료를 이해하기 쉬운 이미지로 보여주는 학문의 한 분야로 자리를 잡아 가고 있다. 과학 자료의 기하학적인 표현과 예술적인 설계

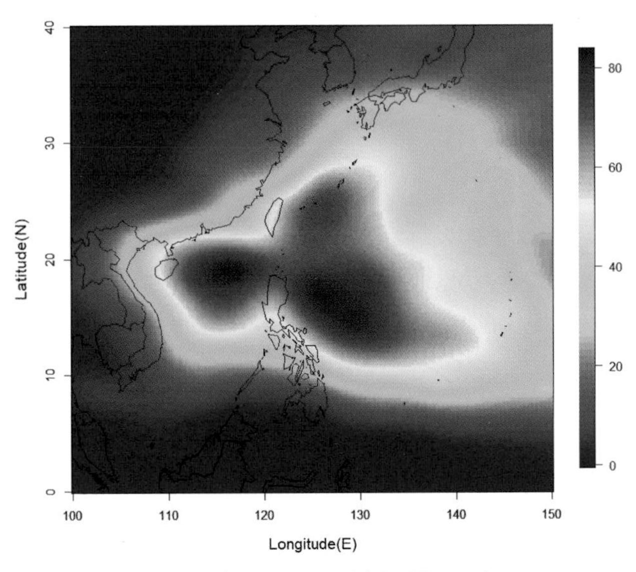

태풍의 내습 빈도(밀도)에 색상을 곁들인 그림

기반의 진정한 통합 학문이다. 다시 말해 '한 장의 적절한 그림으로 수천 개의 자료를 표현한다'이다.

화가는 아니지만, 이런 멋진 그림을 그려 보는 것이 과학자의 또 다른 소망이기도 하다. 더불어 코딩을 하면 무궁무진한 조합으로 그림을 그릴 수 있는 세계에서 자신만의 작품을 만들 수 있다.

알아두기 코딩의 기본 요소

코딩을 이용하여 컴퓨터로 작업하기 위한 기본적인 요소기술은 다음과 같이 분류할 수 있다. 이 요소기술을 조합하여 어떤 일을 설계하고 추진할 수 있다.

(1) 파일 입력과 출력: 컴퓨터를 사용하는 과정에서 대부분의 자료는 파일에 저장되어 있다. 따라서 코드로 파일의 reading, writing 등의 제어가 기본 요소기술이다.

(2) 코드에서 다루는 정보의 명명(naming): 프로그램에서 다루는 정보는 모두 이름이 있다. 그 이름을 부여하는 방법을 알아야 한다. (R 프로그램 할당 기호. <- 또는 =)

(3) 반복문: 컴퓨터가 하는 작업은 동일한 유형의 반복 작업이 대부분을 차지한다. 그 반복 과정을 코딩할 줄 알아야 한다.

(4) 판단: 논리적인 판단 등 어떤 조건에 대하여 참, 거짓을 판단하는 코딩을 할 줄 알아야 한다. 다양한 경우와 조건에 대한 처리 과정이 다르기 때문이다.

(5) 기본적인 계산과 연산: 코드로 간단하든, 복잡하든 수치적인(numerical) 계산을 코딩할 줄 알아야 한다.

07 코딩으로 다양한 그림 그리기

코딩으로 지도 그리는 범위에서 벗어나 여러 가지 과학적인 분석 결과, 계산 결과를 자신만의 계획대로 그림을 그릴 수 있다. 세부적인 코딩 원리는 점, 선, 면의 조합이고, 색을 추가한다. 과학의 기초 지식과 예술적인 감각을 겸비한다면 수준 높은 그림이 탄생한다. 필자가 코딩으로 그린 그림과 컴퓨터로 그려서 제공하는 중요한 해양 정보 그림을 소개한다.

코딩으로 지구와 달의 궤도를 계산하고 그린다

지구는 태양을 중심으로 돌고, 달은 지구를 중심으로 궤도 운동을 한다. 달은 움직이는 지구를 중심으로 회전하기 때문에 지구의 위치를 먼저 결정하고, 결정된 지구의 위치를 중심으로 달의 위치를 결정한다. 이때 고정된 원점인 태양을 중심

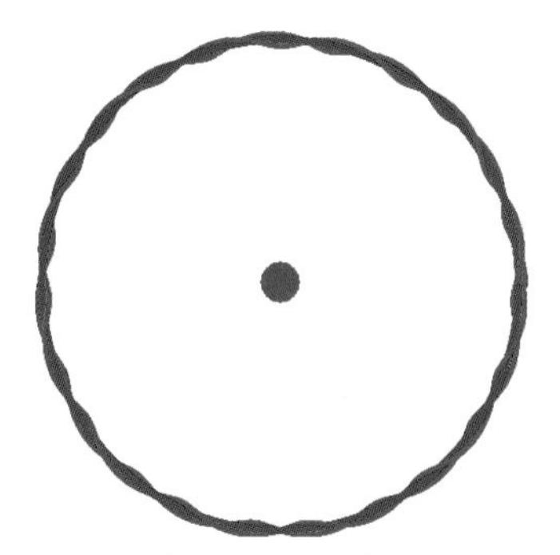

태양과 지구의 공전궤도(푸른 선), **달의 공전궤도**(붉은 선)
: 2년 동안의 궤도

으로 지구와 달의 궤도를 계산하여 그릴 수 있다. 정확하게는 타원운동이지만 원운동으로 가정하고, 달의 운동도 원운동으로 가정하면, 태양을 중심으로 운동 궤도를 살펴볼 수 있다.

지구는 분명한 원운동 궤도(파란 선)를 보이지만, 달의 이동 궤도(붉은 선)는 원의 형태를 유지하되 약간의 변동을 보이고 있음을 알 수 있다. 지구의 공전속도가 달의 공전속도보다 너무 빨라 원운동을 하는 달의 공전궤도가 태양에서 보면 조금 출렁대는 궤도로 보인다. 그 차이는 그림과는 달리 매우 미미하다. 그림에서는 그 차이를 크게 증폭했다.

실제 크기에 비교하여 태양으로부터의 거리를 기준으로 하면 ±0.13퍼센트 정도 수준의 크기이다. 코드로 이 운동을 작성하고, 그 궤도를 계산하여 태양을 기준으로 지구의 궤도와 달의 궤도를 그렸다.

달은 공전주기와 자전주기가 29.5일 정도로 같다. 지구의 자전 속도는 원의 둘레 길이와 시간으로 계산할 수 있다. 지구 표면(적도 기준)에서 한 점이 24시간 동안 이동하는 거리가 지구 둘레의 길이이다. 속도로 환산하면 $2\pi R/24 = 1{,}675$km/hour, 초속 0.46킬로미터(460미터) 정도이다.

지구의 공전속도도 계산할 수 있다. 태양을 도는 궤도를 원으로 가정하면, 107,589km/hour = 29.9km/s 수준이다. 엄청난 속도이다. 같은 방법으로 달의 공전속도(=자전속도)를 계산하면 3,407km/hour = 0.95km/s 정도이다. 지구의 공전속도와 비교하면 30분의 1 수준이다.

우리나라 바다의 조류와 해류를 그린다

우리나라 바다의 해류(ocean current), 조류(tidal current)를 그림으로 흐름 정보를 살펴보자. 다음은 국립해양조사원에서 흐름을 벡터로 그린 그림이다. 흐름은 크기와 방향이 있는 벡터 정보이기 때문에 화살표를 이용하여 표현한다. 화살표의 크기는 속도이고, 항상 양수여야 하며, 방향은 화살표의 방향으로 판단한다. 지도의 북쪽을 기준으로 한다.

그림 그리는 작업이 얼마나 중요한지는 어떤 자연현상이나

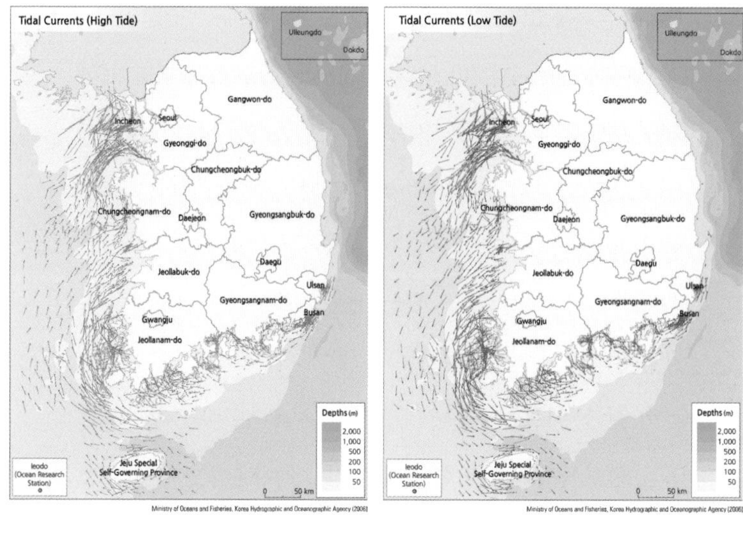

우리나라 바다의 조석 흐름(밀물과 썰물 시기) (출처: 국립해양조사원)

관측자료를 설명할 때 드러난다. "조금 쉽게 이해할 수 있는 그림 같은 것은 없나요?" 한 장의 멋진 그림이 수백 마디의 설명보다 가치가 있다는 말이 있다. 예술적인 재능은 부족하다고 느끼지만, 멋지면서도 과학적인 의미가 있어 다른 사람의 이해에 도움이 되는 그림을 그리려고 이런저런 그림을 시도한다. 그리고 그것을 가능하게 해주는 것이 필자에게는 코딩이다. 하나의 멋진 작품이 아니라, 코딩으로 이런 그림은 어떨까, 저런 그림은 어떨까 하고 그리다 보면 마음에 드는 그림을 가끔 얻는 소소한 즐거움을 느끼기도 한다.

확산 문제를 코딩으로 풀고, 그 결과를 그린다

무작위(random) 브라운 운동(Brownian motion)으로 표현되는 확산 문제가 있다. 이 주제로 아인슈타인 박사가 노벨상을 받았지만, 학생들은 $E=mc^2$ 공식과 일반상대성이론, 특수상대성이론이 더 크게 기억으로 자리 잡고 있을 것이다. 그러나 분자확산 문제는 다른 확산(diffusion) 문제로 확장되어 다양한 분야에서 적용되고 있다.

이 문제는 해양으로 어떤 물질이 유입되어 이동·확산하는 양상을 계산하는 복잡한 문제이지만, 여기에서는 간단한 조건을 부여하여 그 개념만 설명한다. 수평 방향으로 바람이 부는 경우, 담배 연기(대기오염물질이라고 생각해도 된다) 등의 무작위 확산 운동을 컴퓨터 코드를 이용하여 표현할 수 있다. 한두 개 입자의 이동경로만 보면 제멋대로이지만, 그 경로를 모두 모으면 전체적인 경향을 파악할 수 있다. 과학에서 통계가 필요한 부분이다. 정확하게 예측할 수는 없지만, 전체적인 특성을 파악하는 것이 자연과학이기도 하다. 그 결과를 그림으로 표현하면 다음과 같다.

프로그램으로 분자구조를 그린다

화학물질의 분자구조 등을 표현할 수 있다. 여기에서는 이

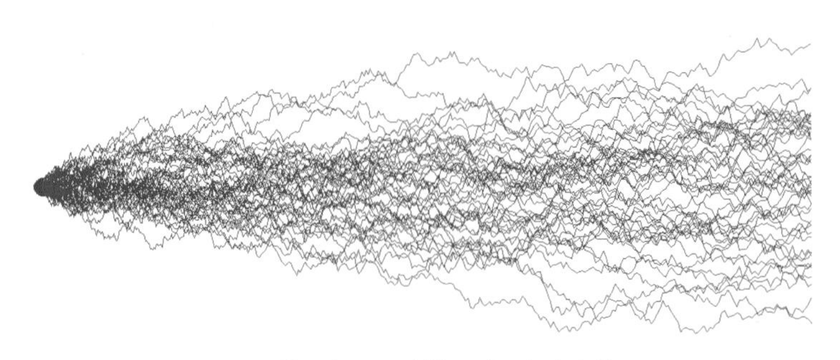

코드를 이용하여 표현한 무작위 확산 운동

러한 작업에 특화된 ChemSketch, ChemDraw 프로그램, CAS 홈페이지(https://scifinder-n.cas.org/, 로그인 필요. 옆의 QR 코드 활용)에서 제공하는 프로그램을 이용하여 그림을 소개한다.

모든 해양과학자가 코딩으로 연구를 하는 것은 아니다. 연구 작업에 특화된 전용 프로그램을 이용하는 경우가 일반적이다. 직접 작성하는 코드나 프로그램은 기본적으로 도구이기에 잘 이용하면 된다. 과학의 세계가 공유의 세계라는 개념에서 보면, 모든 문제나 연구 관련 계산을 직접 코딩한다는 것은 불가능하다. 이미 누군가가 작성하여 배포하거나, 보고한 연구 성과를 활용한다. 고급 상용 프로그램은 매우 유용하고 가격도 매우 비싸지만, 프로그램 자체는 코딩과 같이 도구이다. 코딩은 도구를 만드는 절차이다. 적절하게 배합하여

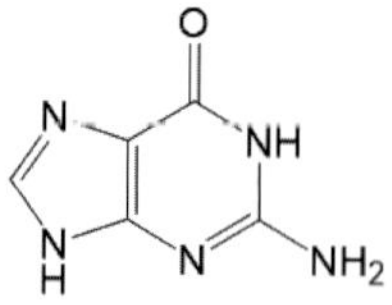

Adenine

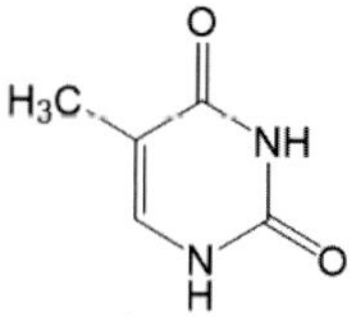

Thymine

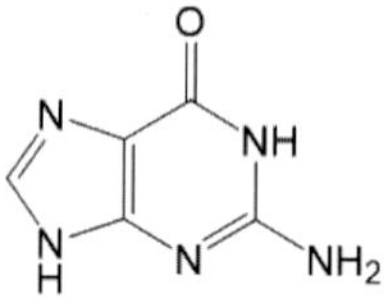

Cytosine

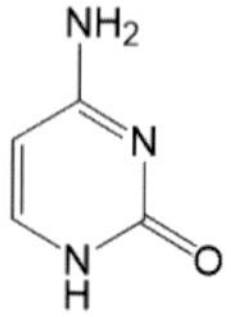

Guanine

ChemDraw 또는 CAS 홈페이지 프로그램을 이용하여 그린 DNA 염기의 분자구조

사용하면 된다. 반드시 코딩으로 작업해야 하는 것은 아니다.

화학물질 분자구조를 코딩으로 그릴 수 있을까? 그릴 수 있다. 그러나 누가 이미 유용하게 만들어 놓았다면, 그 프로그램을 사용해도 된다. 코딩으로 한글 문서작성 편집 프로그램을 만들 수 있다 해도, 현재의 기능 구현 정도라면 프로그램을 사용하는 것이 적절하다. 사용자가 원하는 매우 중요한 기능이 없다면, 그때 코딩의 도움을 받을 수도 있다.

그러나 이 책에서 소개하는 예시 코드처럼 간단한 코드만으로는 구현하기 힘든 경우가 많다. 어느 정도 규모가 있는 프로젝트이기 때문에 시간과 예산 지원이 필요한 이유이다. 개인보다는 기관 차원에서, 국가 차원에서 기술 종속에서 벗어나려면 투자가 필요하다. 주위를 살펴보면, 우리나라 해양과학자가 사용하는 프로그램 대부분은 선진국 또는 선진기술을 가지고 있는 어떤 기관에서 개발한 경우이고, 해양관측 장비도 마찬가지이다. 물론 해양과학에 이용하는 컴퓨터 모델도 그런 상황이다. 적절한 사용 측면에서는 효율적이지만, 구체적인 기술 종속이라는 측면에서 자체 개발 능력을 보유해야 한다는 것을 절감한다.

코드로 생물의 염기서열 정보를 그린다

어떤 생물의 염기서열 구조를 표현, 분석할 수 있다. DNA 정보인 염기서열 자료는 ATGC 염기서열 코드(DNA 정보)이며, 4개의 문자가 전부인 문자 정보이다. DNA 정보는 대표적인 빅데이터이며, 생물종에 대한 DB 정보를 포함하여 컴퓨터를 이용하지 않고는 사용할 수 없는 정보이다.

다음은 뱀장어(*Anguilla japonica*)의 mtDNA 염기서열 정보이다. 미토콘드리아 DNA 코드 정보이기에 용량이 작은 편이지만, 그래도 16,685개의 염기서열로 구성된다. 그 구조를 보여주는 방법은 다양하다. 한 줄로 그리고 4개의 염기서열 코드에 각각 색상을 부여하면 다음과 같이 표현된다. 행렬 형

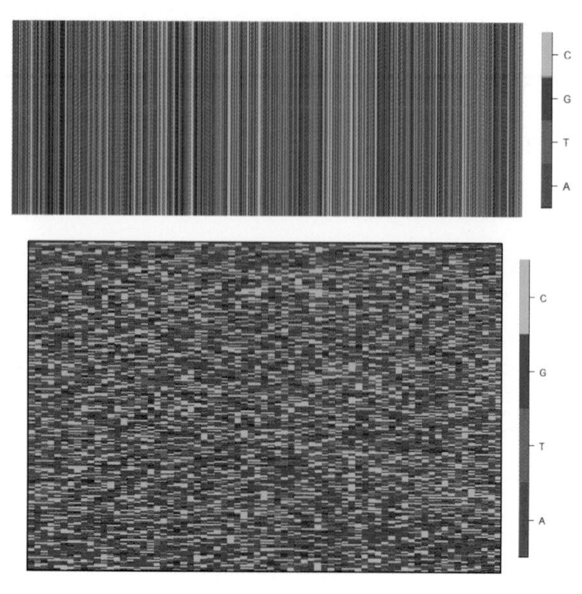

배장어 mtDNA 코드

GTTAACGTAGCTTAAACAAAAAGCATGGCACTGAAGACGCCAAGATGAGCCATAAAAAGCTCCGATGACAC
AAAAGCCTGGTCCTGACTTTAACATCAGTTCTGGCCTGACTTACACATGCAAGTACCCGCGCACCCGTGAG
AATGCCCTATATCCCCTCCCGGGGAAAAGGAGCCGGCATCAGGCACACCCGTGTAGCCCAAAACGCCTTGC
TCAGCCACGCCCACAAGGGAATTCAGCAGTGATAGATATTAAGCAATAAGCGAAAGCTTGACTTAGTCAAG
GCCAAAAGAGCCGGTAAAACTCGTGCCAGCCACCGCGGTTATACGAGGGGCTCAAATTGATATTACACGGC
GTAAAGCGTGATTAAAAAACAAACAAACTAAAGCCAAACACTTCCCAAGCTGTCATACGCTACCGGATAAA
ACGAAGCCCCACTACGAAAGTGGCTTTAACACCTTTGAACTCACGACAGTTGAGAAACAAACTGGGATTAG
ATACCCCACTATGCTCAACCTTAAACAACGATGACAAAATACAAATATCATCCGCCAGGGGACTACGAGCG
TTAGCTTAAAACCCAAAGGACTTGGCGGTGCCTCAAACCCACCTAGAGGAGCCTGTTCTATAACCGATAAC
CCCCGTTAAACCTCACCATCTCTTGCCTAAACCGCCTATATACCGCCGTCGCCAGCTTGCCTCTTGAGAGA
TTAAAAGCAAGCCTAATGGGTTCTGCCCAAAACGTCAGGTCGAGGTGTAGCGAATGAGATGGAATGAAATG
GGCTACATTTTCTGATACAGAAAAACACGAAAAGTGCCATGAAATAAGCACGACTGAAGGTGGATTTAGCA
GTAAAAAGAAAATAGAGAGTTCTTTTGAAACAGGCTCTGAGGCGCGTACACACCGCCCGTCACTCTCCTCG
AACAATAATAAAATAATCCATAAAACAATAAGAACAAAAAGAGGAGGCAAGTCGTAACACGGTAAGTGTAC
CGGAAGGTGCACTTGGATAAATTAGAATGTAGCTAAAAAGAACAGCATCTCCCTTACACCGAGAAGACACT
CGTGCAAATCGAGTCATTCTAAGCAAAACAGCTAGCCTAACCACAATAAAACAAATGACCAAGCATATATA
ACAAAATAAACCCAAATATAAAATAAAACATTCTTCCCCCTAAGTATAGGTGATAGAAAAGGACAAAACGC
GCAATAGAAAAAGTACCGCAAGGGAAAGCTGAAAGAGAAATGAAACAATCCATATAAGCAAAAAAAAGCAG
AGACTAAAACTCGTACCTTTTGCATCATGGTTTAGCAAGTAAAAATCAAGCAAAGAGAACTTTAGTTTGAA

그림인가, 문자인가? 배장어 mtDNA 염기서열 문자코드:

처음 시작 부분의 일부로 1,349개, 전체는 16,685개의 문자로 구성.

정보단위는 bp(base pair, 서열의 길이를 나타내는 지표)

태로 그릴 수도 있다. 전문적인 프로그램을 이용하여 환형(원형) 형태로 그리고, 어떤 구간 위치에 대한 기능 정보를 덧붙인 그림도 가능하다.

코딩으로 주기율표를 그린다

코딩으로 만든 주기율표는 화면에 같은 크기의 사각형을 규칙대로 배치해 번호로 위치를 부여하는 과정이다. 그리고 각각의 상자 안에 번호와 원소기호를 기록하면 가장 간단한 형태의 주기율표가 완성된다. 미리 지정한 다수의 위치에 사각형을 그리고, 그 중심을 기준으로 하여 원자번호와 원소기

1 H																	2 He
3 Li	4 Be											5 Be	6 C	7 N	8 O	9 F	10 Ne
11 Na	12 Mg											13 Al	14 Si	15 P	16 S	17 Cl	18 Ar
19 K	20 Ca	21 Sc	22 Ti	23 V	24 Cr	25 Mn	26 Fe	27 Co	28 Ni	29 Cu	30 Zn	31 Ga	32 Ge	33 As	34 Se	35 Br	36 Kr
37 Rb	38 Sr	39 Y	40 Zr	41 Nb	42 Mo	43 Tc	44 Ru	45 Rh	46 Pd	47 Ag	48 Cd	49 In	50 Sn	51 Sb	52 Te	53 In	54 Xe
55 Cs	56 Ba	57-71	72 Hf	73 Ta	74 W	75 Re	76 Os	77 Ir	78 Pt	79 Au	80 Hg	81 Tl	82 Pb	83 Bi	84 Po	85 At	86 Rn
87 Fr	88 Ra	89-103	104 Rf	105 Db	106 Sg	107 Bh	108 Hs	109 Mt	110 Ds	111 Rg	112 Cn	113 Nh	114 Fl	115 Mc	116 Lv	117 Ts	118 Og
Lanthanoids			57 La	58 Ce	59 Pr	60 Nd	61 Pm	62 Sm	63 Eu	64 Gd	65 Tb	66 Dy	67 Ho	68 Er	69 Tm	70 Yb	71 Lu
Actinoids			89 Ac	90 Th	91 Pa	92 U	93 Np	94 Pu	95 Am	96 Cm	97 Bk	98 Cf	99 Es	100 Fm	101 Md	102 No	103 Lr

주기율표

호를 쓰는 작업이다. 코드는 상자 하나하나의 배치를 결정하는 위치 조정 수치로 구성된다. 이 코드는 원소기호를 정보로 불러들이는 부분이 있어, R 프로그램에서 실행해야 결과를 얻을 수 있다.

코드를 실행하면 앞쪽과 같은 주기율표 그림이 그려진다. 각각의 상자는 배경에 색칠도 할 수 있다. 화학기호 역시 매우 유용한 대표적인 코드이다. 코드는 '편리함', '효율'의 장점으로 널리 이용된다. 우리나라 사람의 증명 코드는 '주민등록번호'이다. 주기율표를 그리는 코드는 생략한다.

08
순전한 호기심으로, 취미로 하는 코딩

필자를 아는 일부 사람은 가끔 이런 질문을 한다. "연구만 하면 심심하지 않으세요? 그 어려운 공부를 어떻게 평생하고 사시나요? 즐거운 일(아마도 취미?)을 찾아서 즐기고 싶은 생각은 안 드시나요?" 염려 반, 호기심 반이다. 그 배려에 감사한다. 심심하거나, 무료하거나, 어떤 일이 지겨운 경우는 모든 사람에게 있다고 생각한다. 당연하지만, 그런 경우를 게임으로 해결하는 사람도 있고, 음식이나 쇼핑으로 해결하는 사람도 있고, 친구를 만나 대화하는 것으로 해결하는 사람도 있을 것이다. 다양하다.

필자는 코딩으로 '딴짓'을 한다. 물론 독서가 취미이지만, 코딩은 취미이자 직업이다. '딴짓'을 한다는 의미는 조금 안 좋게 느껴지지만, 코딩으로 업무와 관련 없지만 그래도 궁금한 것을 취미로 한번 해보기도 한다. 왜 하냐고 묻는다면, "그냥"이라고 답하는 수준이다. 그냥 재미있다. 순전한 호기심으로 코딩 작업을 한다. 누군가는 과학자의 대표적인 특성으로 '호기심'을 말한 바 있다. 그 호기심의 일부이다. 그저 궁금해서…… 그 호기심을 코드로 해소한다. 코드는 여러 상황에서 호기심 그 이상으로 필자를 이끌었다. 어떤 문제에 대한 호기심으로 코딩을 하고, 그것을 재현한 결과를 감상하길 바란다.

신기한 (풀어보기 전에는 잘 모르는) 문제를 코드로 풀어 본다

재미있거나 유명한, 알쏭달쏭한 수학 문제를 설명하고 풀어 주는 영상을 자주 본다. 그 놀라운 풀이 방법에 또 놀라고 감탄하면서 직업의식이 발동한다. 저 문제를 코딩으로 풀면 어떨까? 너무나 간단한 것도 있고, 풀이 방법을 한참 생각해야 하는 것도 있지만, 즐거운 고민이다. 증명 문제는 문제가 맞나 하는 정도로 체크하고 우선 통과한다. 코딩의 한계, 필자의 한계이기도 하다.

알고리즘은 프로그래머를 즐겁게 하기도 하고, 괴롭히기도 하는 두 얼굴을 가진 절차이다. 자신만의 생각으로 어떤 문제에 대한 알고리즘을 찾아내는 것은 큰 즐거움이지만, 쉽게 찾아지지 않는 것이 알고리즘이다. 그리고 어렵게 찾아냈는데,

더 간단하고 효율적인 알고리즘을 누가 벌써 찾아 놓았다면 허탈한 기분이 들기도 한다. 코딩은 수학 문제가 핵심을 차지하지만, 다양한 처리 과정을 구성하는 알고리즘도 필요하다. 그 알고리즘을 디자인하는 기쁨을 느껴 보길 바란다.

코드로 그려 보는 무한, π

코드로 수학 상수 원주율(π)의 자릿수를 많이 표현할 수 있으며, 다양한 형태로 디자인하여 표현할 수 있다. 여기에서는 나선 형태로 빨려 들어가는 모습으로 표현하는 것을 코딩하여, 무한한 자릿수를 표현한다. 표현 방법으로 로그나선(spiral) 함수를 이용한다.

무리수와 $\pi = 3.1415...$ 그림을 디자인한다. 바깥에서 안쪽으로 들어가는 나선구조이다. 안쪽으로 들어갈수록 글자 크기를 줄인다. $\pi = 3.1415...$ 100,000 자릿수는 문자로 처리한다. 무한한 숫자 배열에서 자신의 생일이나 특정한 숫자 조합을 검색할 수도 있다. 자기 생일을 찾는 코드는 무엇일까? 참고로 '학생의 날' 11월 3일의 '1103' 숫자 배열은 π 소수점 이하 3,493번째 출현한다. 그 자릿수 숫자 앞뒤로 5개를 적어 보면 '33467110314126'이다. π 자릿수가 100,000개인 값은 다음의 주소(http://www.geom.uiuc.edu/~huberty/math5337/groupe/

digits.html)나 QR 코드에서 내려받고, 그 값을 순서대로 나선 방향으로 그려 본다. 필자가 생각해서 그린 그림이지만, 누구나 생각할 수 있는 그림이다. 무한을 감상하길 바란다.

알아두기 코드는 지문

코드를 보면 프로그래머를 유추할 수 있다. 간단한 코딩이라면 유추하기 힘들겠지만, 조금 복잡한 코딩이라면 코딩을 한 사람의 코딩 특성이 드러나기 때문이다. 어떤 문제를 풀기 위하여 코드를 작성하는 방식은 개인의 코딩 수준, 코딩 습관 등이 모두 묻어난다. 대표적인 코딩 습관 중의 하나가 이름 붙이기(naming)이다.

어떤 정보에 이름을 붙이는 과정은 프로그래머가 가장 힘들어하면서도 가장 개인 특성이 드러나는 부분이기도 하다. 코딩을 하다 보면, 다루는 모든 정보에 이름을 붙여야 하기 때문에 코드 작명소를 꾸려 나가는 기분이다. 이 코딩 수준에 따라, 코딩 목적에 따라 코딩 알고리즘이나 코딩 설명이 결정되고, 그 결정은 전적으로 프로그래머가 한다.

피타고라스 정리를 이용한 수평선 거리 계산, 독도가 보이는 거리

내가 있는 위치에서 장애물이 없고 시력에 지장이 없다면 얼마나 멀리까지 볼 수 있을까? 지구는 둥근데, 이론적으로 얼마나 보일 수 있을까? 울릉도에서 독도가 보인다고 하는데 이론적으로 가능할까? 궁금하다. 그래서 한번 그 계산을 디자인하고 코드로 해보았다. 기본 이론은 기하이다. 내가 보는 방향을 기준으로 지구의 단면을 원이라 가정하고, 보이는 시선은 직선, 시선이 도달하는 접선 지점이 보이는 한계 거리라고 가정한다. 이렇게 하면 접점에서는 직각삼각형이 형성된다. 피타고라스 정리를 이용한다.

Y점 위의 높이를 h_1(YY′), D점 위의 높이를 h_2(DD′)라고 할 경우, 이론적으로 구형을 이루는 지구에서 보이는 수면까지의 거리(Y′H)는 다음과 같이 피타고라스 정리를 이용해 계산할 수 있다.

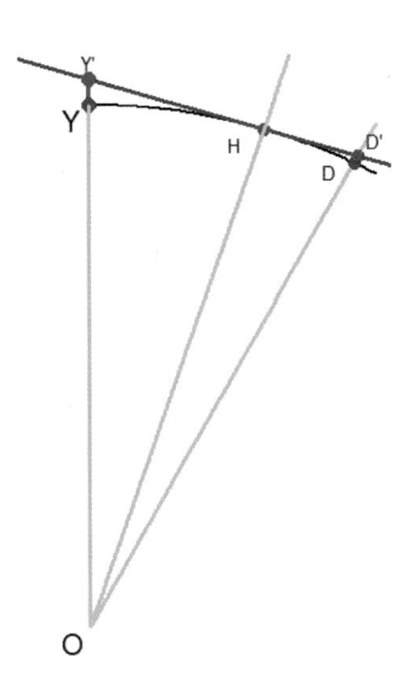

직각삼각형(OHY′)에 피타고라스 정리를 적용하면 다음과 같은 식으로 표현된다.

$$[L(OY)+L(YY')]^2 = OH^2+(Y'H)^2$$

여기에서, $L(OY)$ = 지구 중심까지의 거리(지구 반경)

$= L(OH)$

$L(Y'H) = L(YY') = h_1$ 지점(고도, 높이)에서 보이는 수면의 최대거리이다.

h_1 지점의 높이가 10, 100, 300, 500m 조건에서 계산되는 최대거리는 각각 11.3, 35.7, 61.9, 80.8 km 정도이다.

울릉도에서 독도까지의 거리는 80킬로미터가 넘기 때문에 울릉도 바닷가의 낮은 고도에서는 이론적으로 독도를 볼 수 없다. 그러나 고도 500미터 이상에서는 가능하다. 또한 독도 서도의 높이가 대략 100미터임을 고려하면, 35킬로미터 추가로 더 멀리 볼 수 있어 고도 300미터 정도에서도 독도를 볼 수 있으며, 울릉도 성인봉 기준 고도 1,000미터 조건에서는 113킬로미터 지점에서도 울릉도를 볼 수 있으니, 독도 바닷가에서도 울릉도의 높은 부분을 볼 수 있다. 독도에서 가까운 일본 오키제도는 독도에서 약 158킬로미터 정도 떨어져 있고, 오키제도 정상 높이는 대략 600미터 정도라고 한다. 이 정도의 고도라면, 독도 정상 100미터 높이를 추가해도 100킬로미터 이상의 거리는 보이지 않는다.

설명에서 사용한 앞의 그림도 코드를 이용하여 그렸다. 이 코드는 고도에 따라 바다에서 보이는 거리를 설명하는 원의 접선을 그리는 코드이다. 선을 직접 설계하여 하나하나 선을 그리고, 원호를 그리고, 점을 그리고, 위치를 잡아 문자를 그리는 작업을 하나하나 모두 직접 코딩해야 한다. 당연히, 그림판에서 제공하는 좌표를 기준으로 상대적인 또는 절대적인 위치를 기준으로 그려야 한다.

그림은 그리는 그림판 위치에서 어떤 수치로 표현하는 좌표에 대한 사전 지식이 필요하다. 그래야 그림을 그린다. 컴퓨터에 위치를 설명하는 방법은 (x, y) 좌표로 입력하면 된다. 그리고 또 하나 선의 굵기, 문자의 크기, 색상 등도 지정해야 한다. 이러한 작업으로 코딩이 번거롭지만, 일일이 모두 지정해야 한다. 물론 이러한 지정을 수월하게 하는 프로그램이 있지만, 그 프로그램도 마우스 클릭 정보나 버튼 선택 정보를 받아서 작업을 수행한다.

도넛을 자르면 단면은 어떤 모습일까?

도넛과 형태가 유사한 튜브(tube, 토러스torus)의 부력을 계산하면서 떠오른 호기심 문제이다. 도넛을 먹을 때에 떠오른 생각이기도 하다. 단면 형태를 간단하게 추성할 수 있는 부분이 아니라, 조금은 이상한 형태를 보일 것 같은 단면을 코드로 계산하여 그려 보았다. 계산은 도넛 형태의 함수를 이용한다. 위에서 아래로 방향을 잡아 자르면 크기는 조금 다르지만, 원형을 유지한다.

그 도넛을 옆(side)에서 중심으로 이동하면서 자르면 가운데 단면이 두 개의 작은 원으로 쉽게 상상되지만, 그 위치가 그 지점을 벗어나면 약간 이상한(?) 모습을 보인다. 그 모습을 코딩으로 계산한다. 필자는 자르는 곳의 위치, 특히 경계 부근의 단면은 어떤 형태일까 하는 호기심이 생겼다. 이렇게 빨간 점선 방향으로 자르면…… 그래서 코딩으로 풀어 보았다. 그 단면은 다음과 같다. 호기심이 풀렸다. 계산 결과도 크게 틀리지 않은 것 같다.

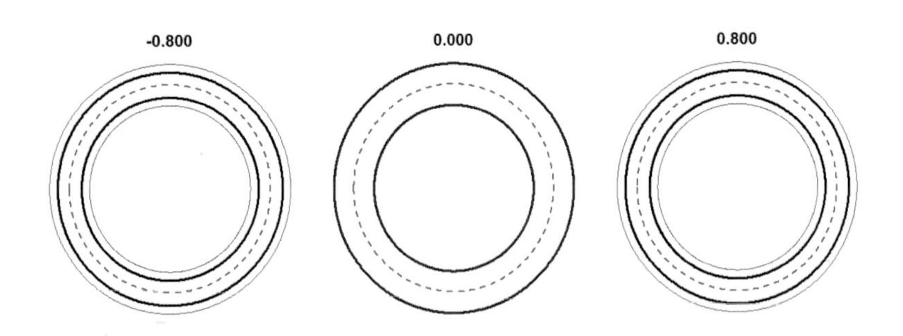

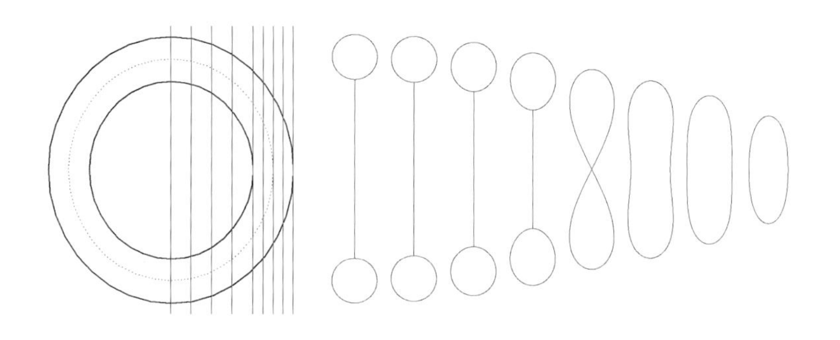

도넛을 사서, 직접 잘라보고 확인하는 습관은 매우 바람직하다고 할 수 있다.

알아두기 기호의 세계는 수학의 세계를 떠오르게 한다

기호를 사용하는 이유는 무엇일까? 명확하고, 경제적이고 효율적이기 때문이다. 어떤 기호 하나에 명확한 의미가 있다면, 그 기호의 설명에 대한 시간과 노력을 절약할 수 있다. 그리고 그 기호를 서로 공유한다. 그러한 기호로는 수학적인 기호가 널리 이용되고 있으며, 과학기술 분야에서도 다양한 기호가 효율적인 정보 표현과 전달 목적으로 사용되고 있다. 그 대표적인 기호 몇 가지를 소개한다. 기호를 이루는 주요 문자는 숫자, 그리스 문자(지금은 특수문자로 인식한다), 알파벳 등이다.

- 1,2,3,4,5,6,7,8,9,10 : 아라비아 숫자(만국 공통의 숫자 기호)
- I, II, III, IV, V, VI, VII, VII, IX, X, XI, XI : 로마의 1~10 숫자 기호
- I, V, X, L, C, D, M : 1, 5, 10, 50,100, 500, 1000

- π : 원주율이라고 하지만, 파이라고 해도 모두 이해한다.
- k, M : 접두 기호로 사용되며, 1,000과 1,000,0000 크기를 의미한다.
- m, μ : 접두 기호로 사용되며, 1/1,000과 1/1,000,0000 크기를 의미한다.

기호 사용에도 연구 분야가 확장되면서 다툼이 있다. 누가 승자라고 할 수는 없지만, 전통적인 기호가 컴퓨터 이용으로 변형되거나, 동일한 기호가 서로 다른 분야에서 사용되어 오다가 두 분야의 공통 영역에서 혼란이 일어나 다툼이 생긴다.

대표적인 단위는 부피로 사용되는 리터(ℓ) 기호이다. 농도 단위로 mg/ℓ 표기는 컴퓨터의 특수문자 표기의 불편함으로 mg/L 표기로 변형된다.

- i : 누구나 알고 있는 허수 기호이다. $i = \sqrt{-1}$.
  전기 분야에서는 i =전류(current) 기호가 전통적으로 사용되기 때문에, 허수 기호로 j 문자를 사용하는 전통이 있다. 그러나 분야가 확장되면 일반인에게 설명하는 경우, 어려움이 따른다. j 기호의 미래가 궁금하다.
- 대문자 K : 전통적으로는 '켈빈온도' 기호로 통용된다. 그러나 최근에는 1,000 규모를 의미하는 소문자 k, 대문자 K 기호가 구분 없이 사용되고 있다. 역시 K 표기의 미래도 궁금하다. 섭씨온도, 화씨온도 기호, F, C 미래도 걱정된다.
- 하나 또는 2~3개 단어로 사용되는 기호는 경쟁이 치열하다. 기호 경쟁은 코드 경쟁이다. 널리 이용되는 코드일수록 경쟁이 치열해지는 것은 당연하다. 대표적인 수학 상수, π, e 이다. e =2.71828.... 이 기호는 컴퓨터 코딩 영역에서는 'exp(1)'로 표기된다. 간단해도 너무 간단한 코드, 수학기호이다.

09 코딩으로 하는 컴퓨터 시뮬레이션

밀레니엄 세계 7대 수학 난제, NS 방정식을 푼다

수학 분야의 미해결 7대 난제이며, 상금으로 100만 달러가 약속된 나비에-스토크스(Navier-Stokes) 방정식 문제는 평면 또는 공간(3차원)에서 유체운동을 설명하는 방정식의 해의 존재 여부와 그 해가 연속(미분 가능한)인지를 증명하는 문제이다.

조건을 추가하면 비압축성 유체로 제한한다는 문구가 있다. 비압축성 유체는 압력이 유체의 밀도에 미치는 영향을 무시할 수 있는(아주 작은) 유체이다. 압축성 유체는 대기와 같이 압력에 따라 밀도가 크게 변하는 (기체) 유체를 의미한다.

필자의 전공인 유체역학(fluid mechanics)과 관련이 있는 방정식이고, 전문가의 문제 설명이 필요할 듯하다. 수식은 매우 복잡한 미분방정식이지만, 설명을 보면서 그 설명을 수학기호로 표현한 식이구나 하는 정도로 감상하길 바란다. 어렵지만 해수나 대기의 유체운동이 중요한 해양과학 분야에서는 핵심 방정식이다. 이 방정식의 이름을 모르는 해양공학자나 물리해양학자, 해양대기과학자는 없을 것이다. 매우 어렵지만, 매우 유용한 식이다.

다음 방정식을 만족하는 유속과 압력 변수를 구하는 문제이다. 편의상 3차원 공간으로 제한하고, $\vec{u} = (u_1, u_2, u_3) = (u, v, w)$, $\vec{x} = (x_1, x_2, x_3) = (x, y, z)$ 기호로 치환하여 표현하며 풀어쓴다. 실제로도 3차원 공간에서 문제가 정의된다.

미지의(unknown) 변수:

velocity $= (u, v, w) = (u(x,y,z,t), v(x,y,z,t), w(x,y,z,t))$,

pressure $= p(x,y,z,t)$,

대기의 경우 기압(고도), 해수의 경우 수압(수심).

나비에-스토크 방정식(Navier-Stokes Equations)

$(t \geqq 0)$, $\nu =$ 점성계수(양의 상수)

$$\frac{\partial u_i}{\partial t} + \sum_{j=1}^{n}\left[u_j \frac{\partial u_i}{\partial x_j}\right] = \nu \sum_{k=1}^{n} \frac{\partial^2 u_i}{\partial x_k^2} - \frac{\partial p}{\partial x_i} + f_i(x,t) \text{ -->} \ ,$$

$$\frac{\partial u}{\partial t} + u\frac{\partial u}{\partial x} + v\frac{\partial u}{\partial y} + w\frac{\partial u}{\partial z} = \nu\left(\frac{\partial^2 u}{\partial x^2} + \frac{\partial^2 u}{\partial y^2} + \frac{\partial^2 u}{\partial z^2}\right) - \frac{\partial p}{\partial x} + f_X(x,y,z,t)$$

$$\frac{\partial v}{\partial t} + u\frac{\partial v}{\partial x} + v\frac{\partial v}{\partial y} + w\frac{\partial v}{\partial z} = \nu\left(\frac{\partial^2 v}{\partial x^2} + \frac{\partial^2 v}{\partial y^2} + \frac{\partial^2 v}{\partial z^2}\right) - \frac{\partial p}{\partial y} + f_Y(x,y,z,t)$$

$$\frac{\partial w}{\partial t} + u\frac{\partial w}{\partial x} + v\frac{\partial w}{\partial y} + w\frac{\partial w}{\partial z} = \nu\left(\frac{\partial^2 w}{\partial x^2} + \frac{\partial^2 w}{\partial y^2} + \frac{\partial^2 w}{\partial z^2}\right) - \frac{\partial p}{\partial z} + f_Z(x,y,z,t)$$

$$\frac{\partial u_1}{\partial x_1} + \frac{\partial u_2}{\partial x_2} + \frac{\partial u_3}{\partial x_3} = 0$$ (연속방정식, 물체의 질량보존 방정식)

초기조건(Initial conditions):

$$(u,v,w)_{t=0} = \left(u_0(x,y,z),\ v_0(x,y,z),\ w_0(x,y,z)\right).$$

이와 관련한 전체 문서는 클레이(Clay) 수학연구소 홈페이지(www.claymath.org, 옆의 QR 코드 활용) 'Millennium Problems' 메뉴 영역에서 받을 수 있다. 수학 난제 풀이와 실제 문제 풀이에는 큰 차이가 있다. 수학 문제는 해의 존재와 미분 가능 여부를 증명하라는 문제이지만, 이 방정식의 실제 적용 문제는 어떤 특정 조건에서 공간 경계조건을 부여하고, (시간) 초기조건을 부여하여 어떤 유체 운동 인자에 대한 시간 경과에 따른 변화를 컴퓨터로 예측하는 문제이다.

유체는 대기과학에서는 공기가 되고, 해양과학에서는 해수가 된다. 물론 하천을 연구하는 사람은 강물을 대상으로 한다. 수학적으로는 풀 수 없는 난제이지만, 현실 세계에서는 그 방정식을 이용하여 해수의 운동(유속, 수위, 수온, 염분 항목이 기본)을 예측한다. 간단한 코딩은 아니지만, 이 방정식을 컴퓨터로 미분을 하고, 다양한 연산을 조합하여 다음 시간 단계의 계산을 수행한다.

그리고 관측자료를 이용하여 계산 결과를 검증(테스트)하고, 결과를 조정하고, 또 다음 단계를 계산한다. 이 정도 규모의 코딩은 프로그램을 넘어서서 컴퓨터 시뮬레이션이라고 한다. 시시각각 연속적으로 계산하는 동적인(dynamic) 컴퓨터 시뮬레이션 문제이기 때문이다.

너무나 방대한 코드라서 설명은 할 수 없고, 그 코드를 이용한 계산 결과를 조금 보여주는 정도에서 마무리한다. 전문가는 이 분야를 위해 수치해석 과목을 최소 1년 정도 수강한다. 높은 수준의 코드 개발 능력과 유체역학 지식이 필요한 분야이다.

물리해양학자, 해양공학자의 컴퓨터 시뮬레이션 문제

컴퓨터로 대기와 해양의 운동을 지배하는 방정식을 푼다. 이 방정식은 앞에서 간단하게 설명했지만 물리해양학 등의 분야에서는 지배 방정식(governing equation)이라고 한다. 유체의 운동(흐름)을 지배하는(결정하는) 방정식이라는 뜻이다. 유체역학을 공부하는 연구자에게 가장 기본 방정식이다. 그러나 일반인에게는 결코 호의적인 방정식이 아니다.

이 방정식은 기본적으로 비선형(non-linear) 편미분방정식이며, 그 개수가 6~8개 정도이다. 질량보존 방정식, 공간에서의 운동방정식, 수온-염분 방정식, 상태(state) 방정식 등으로 구성된다. 이 복잡한 방정식을 이용하여 해양과 대기의 이동을 예측한다. 어렵지만 매우 도움이 되는 방정식이다. 더 자세히 알고 싶으면 이 분야의 전공학과가 있는 대학교, 더 나아가 대학원 진학이 필수이다.

지배 방정식은 앞서 언급한 나비에-스토크스 방정식이라고도 한다. 그 방정식에 사용하는 기호 소개는 생략한다. 이 방정식은 대기, 해양, 하천 및 해안공학, 기계, 선박, 항공 분야 등 유체를 다루는 대부분의 영역에서 가장 핵심적인 방정식이다. 사용하는 기호는 분야에 따라 다르고, 이 방정식을 직접 푼다는 것은 엄청난 컴퓨터 하드웨어 지원이 필요하기에 적용 분야의 우세한 유체 특성에 중점을 두고, 좀 더 간단한 형태로 변형하여 풀어 나가는 경우가 보통이다.

좀 더 간단한 형태라고 해도 매우 어려운 문제이며, 기본적으로 손으로 풀 수 없다. 컴퓨터를 이용하지 않고는 풀 수 없는 문제이기에 컴퓨터를 이용하여 좀 더 정확한 답을 구하려고 노력한다.

컴퓨터로 풀면 모두 정확할 것으로 판단하지만, 자연현상을 컴퓨터로 정확하게 푼다는 것은 희망 사항이다. 시간이나 공간 해상도(resolution) 문제가 있기 때문에 어느 정도의 시간과 공간 평균 과정이 필요하고, 문제를 풀려면 입력정보도 필요하다. 이때 어느 정도의 불확실성이 항상 따라오기 때문에 관측자료를 이용하여 계산 결과를 검정(시뮬레이션 성능 평가)하는 과정을 거쳐야 한다.

이 모든 과정에서 코딩이 없거나 유용한 프로그램의 도움이 없었다면 해양과학의 수준은 어느 수준에서 멈추었을 것이다. 여전히 모르는 것이 많지만, 코딩을 도구로, 관측을 양분(연료)으로, 연구실을 보금자리 삼아 해양과학 문제를 하나하나 헤쳐나가는 것이 해양과학자가 하는 일이다.

이론적인 연구의 한계는 분명히 있지만, 여전히 중요한 부분이다. 이론을 기반으로 해서 만든 수학 방정식을 컴퓨터로 풀기 때문이다. 그러나 컴퓨터와 방대한 자료의 구축으로 기존의 문제 풀이 방식에서 벗어나 좀 더 많은 문제를 처리할 수 있게 되었다. 그 처리 과정에서 코딩과 프로그램은 필수요소이다. 프로그램 역시 코딩으로 만든다.

컴퓨터로 문제를 풀 때 수학의 도움을 받을 수 있지만, 받을 수 없는 경우에는 프로그래머의 아이디어에 의존하여 문제를 풀어 나간다. 그 대표적인 방법이 수치해석, 수치 시뮬레이션(numerical simulation) 또는 컴퓨터 시뮬레이션이다.

해양 연구 분야에서 대표적인 컴퓨터 시뮬레이션 문제는 해수의 유동, 곧 유체역학 문제이다. 문제 풀이 과정에서 이용되는 컴퓨터 시뮬레이션 작업의 시작은 공간적인 범위를 지정하는 작업이다. 최근 연구용역 사업으로 수행한 낙동강 하구 해역의 흐름과 확산 계산을 위한 컴퓨터 시뮬레이션 계산 영역과 결과를 소개한다.

코딩으로 만든 컴퓨터 시뮬레이션 프로그램을 수치모델(이하 간단하게 모델이라고 한다)이라 하고, 이 모델을 도구로 이용하여 계산한다. 관측자료로 모델을 테스트하고, 모델 수행에 필요한 입력자료를 여기저기에서 준비하고, 관심 있는 조건(시나리오)에서 가상 계산을 수행한다. 이 과정을 모델링이라고 한다.

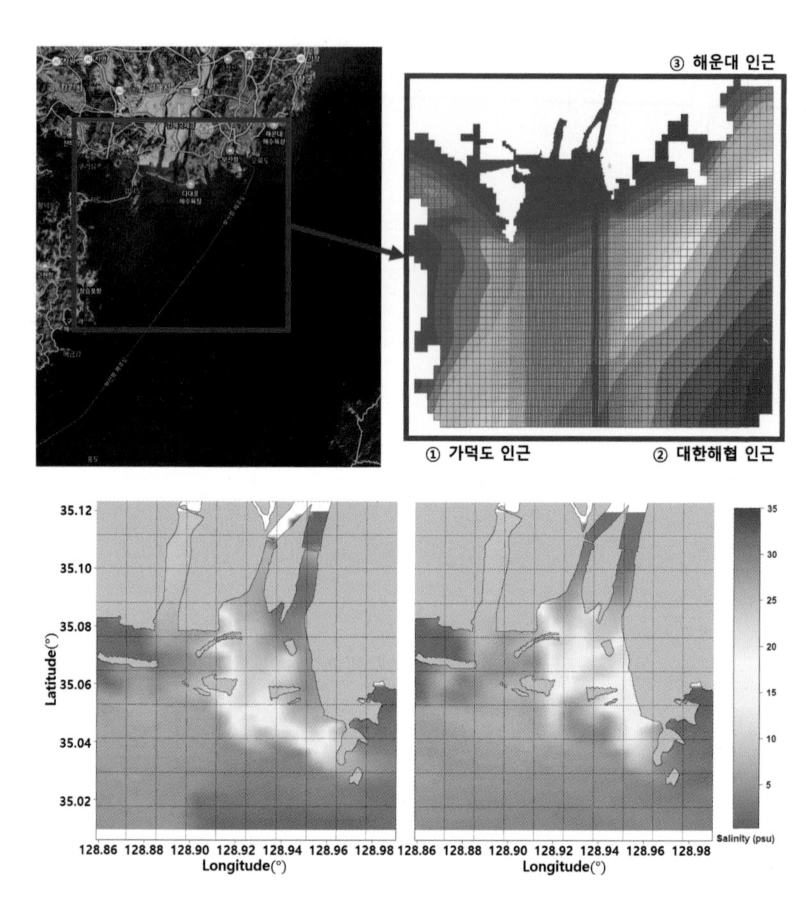

낙동강 하구 해역의 흐름과 확산에 관한 컴퓨터 시뮬레이션

컴퓨터 시뮬레이션은 '코딩의 꽃'이라고 할 수 있다. 모델을 이용하여 계산한 결과를 보면, 낙동강 담수가 바다 방향으로 이동·확산되면서 염분 농도가 점차 낮아지는 양상을 보인다.

10 컴퓨터가 주도하는 세상

인간을 능가하는 수많은 능력이 있지만 어떤 한 인간에 종속된 도구, 컴퓨터. 독립적으로 생활할 수 있는 기계가 존재할 수 있을까? 현재의 개념으로는 존재할 수 없다. 컴퓨터는 인격이 아니다. 다만 인간을 따라 하기 때문에 인간으로 혼동할 수도 있다. 인간처럼 행동하고, 인간처럼 사고하는 인공지능이 있지만, 역시 인간을 흉내 내는 것이다.

코딩은 컴퓨터라는 기계를 다룬다. 그런데 그 기계를 어떤 사람이나 기관에서 다른 사람을 관리하고 통제하기 위해 사용하는 경우에는 예상하지 못한 개인정보보호 문제, 인권침해 문제 등이 발생할 수 있다. 그 문제를 염려해야 한다. 기계는 그 기계를 다루는 사람이 시키는 대로 한다. 컴퓨터는 스스로 생각하는 존재가 아니다. 생각하는 것처럼 보일 뿐이다.

컴퓨터에 어떤 일을 시키는 가장 근본적이고 대표적인 목적은 '효율' 개선이다. 인간보다 빠르게, 인간보다 오랜 시간, 인간보다 더 많은 일을 하도록 하는 것이 코딩이다. 당연히 바람직한 부분도 있고, 그렇지 못한 부분도 있을 것이다.

"코딩으로 무엇을 할 수 있을까?" 이 부분을 사례로 한다면, 사례를 응용하여 어떤 일을 할 수 있는가를 추론하는 것은 독자의 몫이다. 코딩을 한다면, 생각하는 대로 컴퓨터를 이용하여 어떤 일이든 할 수 있다. 합법의 문제와 비용의 문제만 아니라면. 코딩에 철학과 어느 정도의 규제(?)가 필요한 부분이다. 그것이 가능할지는 의문이다. 인간을 능가하는 컴퓨터의 능력은 인간의 능력 향상, 부족함을 보충하는 도구로 이용할 필요가 있다. 인간에게 도움이 되지 않는 도구는 어떤 가치가 있을까?

코딩이 지배하는 세상, 알고리즘이 지배하는 세상

지배한다는 표현은 매우 강력하고, 강압적인 느낌을 주는 단어이다. 통치와 지배, 더불어 강력한 힘을 느끼게 하는 단어이기도 하다. 강력한 힘, 컴퓨터에 느끼는 힘이다. 컴퓨터는 인간과는 비교할 수 없는 강력한 능력이 있다. 연산 능력, 반복 능력, 검색 능력, 기억 능력. 컴퓨터의 범위를 컴퓨터가 제어하는 기계와 장비로 확장하면 엄청난 힘, 엄청난 속도, 엄청난 정확도 등은 이미 인간의 몸으로 경쟁하는 세상을 벗어난 지 오래이다.

그 엄청난 컴퓨터는 어떤 기관, 특정 집단, 개인의 통제를 받으면서 어떤 일을 엄청나게 하고 있다. 그 엄청난 일은 무엇일까? 사람으로서는 감당할 수 없는 어떤 일을 하고 있을까? 그리고 컴퓨터가 일할 수 있게 누가 제어하고 있는가? 해양과학 분야에서 잠깐 벗어나 엄청난 일을 하고 있는 이런저런 분야를 살펴보자.

컴퓨터는 우리의 경쟁 상대가 아니다. 컴퓨터로 어떤 일을 하는 사람은 그 어떤 일에 종사하는 사람보다 더 많은 일을 혼자 할 수 있다. 바로 컴퓨터를 제어하는 코딩의 힘이다. 컴퓨터로 대체할 수 있는 업무를 수행하는 사람의 직업을 유지하기 위해 컴퓨터를 이용하지 않는 것이 가능할까? 가능하지도 않고, 어떤 면에서는 바람직하지 않은 듯하다. 그럼 그 사람은 무엇을 어떻게 해야 할까? 정답은 다른 직업을 찾아야 한다는 것이다. 그런 일에는 어떤 일이 있을까? 우리 주위에서 '무인' 또는 '자동'이라는 단어가 포함된 시설을 살펴보면 알 수 있다.

컴퓨터가 잘하는 영역은 컴퓨터에 맡기고, 사람이 필요한 영역은 사람이 한다. 사람이 필요한 대표적인 영역은 '생각하고, 계획하는 영역' 그리고 '코딩의 세계, 코딩, 프로그래밍 영역'이다.

코딩으로 제어되는 컴퓨터를 도구의 관점에서 보면 어떨까?

과학기술 발전에 기여한 대표적인 도구로는 현미경, 망원경이 있다. 이 도구는 우리가 볼 수 없었던 세계를 보여줌으로써 과학기술 발전을 견인하는 역할을 했다. 그 역할을 최근에는 컴퓨터가 했고, 그 컴퓨터를 제어한 것이 코딩이라면, 지금은 수학과 더불어 코드를 이용한 통계, 자료 분석, 컴퓨터 시뮬레이션이 하나의 도구로 떠오르고 있다. 이 도구를 코드경(code-scope)이라고 하면 어떨까. 현미경, 망원경과 같이 기존에 볼 수 없었던 세계를 이 코드경을 통해서 본다. 그것을 보면서 해양과학 기술이 발전하는 것을 목격하고 있다.

과거에는 망원경과 현미경이 보여주는 세계를 해석하면서 과학이 발전했다면, 지금은 코딩으로 지원하는 방대한 자료 분석, 시뮬레이션 도구, 코드경이 보여주는 세계를 해석하면서 과학이 발전하고 있다. 망원경이 멀리 있어 볼 수 없던 것을 보여주고, 현미경이 너무 작아서 볼 수 없던 것을 보여주는 도구라면, 코드경은 너무 많아서 안 보이는 것, 숨겨져 있는 것을 적절한 조작으로 볼 수 있게 하는 도구이다. 숨어 있는 것을 다양한 방법을 시도하여 찾아내고, 그것을 볼 수 있도록 도와주는 것이 코드경이다. 컴퓨터와 코딩으로 만드는 도구가 주도하는 과학이다.

약간 극단적인 비교가 될 수 있지만, 누가 더 유리할지 다음의 조건을 비교·평가해 보기 바란다.

망원경 없이 천체물리학을 연구하는 천재 과학자와

최고 수준의 망원경으로 보이는 자료를 이용하는 평범한 천체과학자.

현미경 없이 미생물을 연구하는 천재 해양생물학자와

최고 수준의 현미경을 이용하여 미생물을 관찰하고 분석하는 평범한 해양생물학자.

코드경 없이 해양 빅데이터를 살펴보는 천재 해양학자와

코드경으로 빅데이터를 다각적으로 분석하는 평범한 해양과학자.

필자는 후자라고 생각한다. 독자의 생각은? 너무 극단적인 비교일까?

컴퓨터가 없이 과학 발전이 불가능하지는 않겠지만, 컴퓨터가 없는, 그 컴퓨터를 자신만의 새로운 방식으로 이용하는 코딩이 없는 또는 프로그램이 없는 과학 발전은 상상할 수 없는 세상이 되었다. 코딩을 이용하는 수준 높은 도구 개발이 지속되고, 그 도구를 계속 이용하는 세상이다.

컴퓨터가 못 하는 것은 무엇인가?

기본적으로 생각을 못 한다.

그리고 인간이 못 하는 것은 컴퓨터도 못 한다. 그러나 하는 것도 있다. 능력 문제가 아니라 마음 문제이다. 인간은 어떤 일을 할 때, 할 생각이 없거나 하기 싫은 마음이 드는 경우가 많지만 컴퓨터는 그것이 없다. 그저 코드가 프로그램이 시키는 대로 한다. 여기에서는 '못 하는 것'에 중점을 두고 있다. 컴퓨터는 또 무엇을 못 하는가?

컴퓨터는 스스로 무엇을 할 수 없다. 항상 주인의 명령을 기다린다. 명령이 있어야 일을 한다. 명령이 없으면 아무것도 안 하고 마냥 기다린다.

혼자 스스로 무엇인가를 못 한다는…… 혼자 놀지 못한다는 의미이다.

그리고 간단한 작업일지라도 동시에 수행하지는 못한다. 순차적으로만 한다.

$a \rightleftarrows b$ 서로 바꾸기를 동시에 못 한다.

컴퓨터는 도구이다. 도구는 하나의 능력에는 뛰어나다. 도구의 특징이다.

컴퓨터는 인간의 능력을 강화하는 도구이다.

단순노동, 반복, 연산속도, 정보 저장/기억 능력으로 컴퓨터와 경쟁하려는 것은 자동차와 달리기 경주를 하는 것에 비유할 수 있다. 차라리 자동차를 직접 운전하자.

닫기 전

인간은 학습을 통하여 지식을 축적한다. 그 지식은 일반지식(상식)과 전문지식으로 구분된다. 인간 생활에서 필요한 상식은 매우 중요하지만, 그러한 의미의 상식이 아니라 낮은 수준의 일반지식과 높은 수준의 지식(전문지식)으로 구분하면 그 차이는 어디에 있을까? 그 지식을 습득한 사람의 수와 습득에 걸리는 시간이 중요한 기준이 된다고 한다.

일반지식은 그 지식을 습득한 사람이 많고, 습득에 걸리는 시간이 비교적 짧다. 반면 전문지식은 그 지식을 습득한 사람이 적고, 그 지식을 습득하는 과정이 길다. 그리고 습득에 오랜 시간이 걸리더라도 그 지식을 습득한 사람이 많아지면 일반지식이 되어 버린다. 운전면허 취득은 지금은 일반지식이 되었다. 운전은 여전히 중요한 기술이지만, 운전을 할 수 있는 사람이 늘어난 것이 가장 큰 이유이다.

코딩은 어떨까? 컴퓨터공학과 출신이 아니어도 코딩 기술을 습득할 수 있다. 그리고 계속되는 실전 연습을 통한 숙련 과정이 필요하다. 운전이나 코딩이나 마찬가지다. 코딩에 숙련되려면 적어도 1년 정도는 필요하다. 운전도 사실 그 정도의 기간 이상이 필요하지 않은가? 코딩을 하려는 사람은 많지만, 아직도 코딩을 능숙한 수준으로 하는 사람은 많지 않다. 여전히 전문지식이다. 고급지식이다. 지금 한번 도전해 보면 어떨까?

해양과학자를 포함한 과학자의 길을 해당 분야의 전문지식과 그 전문지식을 꽃 피울 수 있는 코딩으로 펼쳐 보면 어떨까 하는 마음에 이 글을 쓰기 시작했다. 이 글은 어느 분야에서 어떤 연구를 하든, 특히 해양과학에 관심이 있는 사람에게 코딩이라는 전문지식의 세계로 초대하면서 마무리하고자 한다. 수학과 통계가 없는 과학을 상상할 수 없듯이, 코딩과 컴퓨터 없는 과학은 현재로서는 상상할 수 없다. 이 책을 읽고, “코딩으로 이런 것을 할 수 있구나!” “코딩으로 이런 것을 하고 있구나!” 이 정도의 생각을 하는 것만으로도 필자는 만족한다.

코딩을 배우면 무엇이 좋은가?

커스터마이징(customizing), 주문 제작을 할 수 있다.

내 스타일대로 일을 처리할 수 있다.

내가 하고 싶은 대로, 내가 정한 절차대로 일을 할 수 있다.

컴퓨터 활용을 극대화하여 신속하게 일을 처리할 수 있으며, 시간을 벌 수 있다.

다양한 업무에 대한 맞춤 대응이 가능하다.

한마디로 요약하면, 다양한 업무를 신속하게 처리할 수 있다.

빠른 것은 반복에서 더욱 빛을 낸다.

무엇인가를 반복하고 있다면, 코딩을 떠올려 보자.

그리고 새로운 업무 처리 방법을 구상한다면, 테스트도 가능하고 개선도 가능하다.

연구 분야에서는 어떨까? 연구 분야에서도 컴퓨터를 사용하고, 업무를 지원하는 소프트웨어를 사용한다. 코딩은 그 소프트웨어의 효율적인 사용을 지원한다. 어떤 소프트웨어도 모든 요구사항을 만족할 수는 없다. 하지만 코딩으로 요구사항을 만족하게 할 수 있다.

| 닫는 글 |

우리는 우리에게 필요한 작업을 도와주는 쓸모있는 프로그램을 이용하여 대부분의 일을 한다. 컴퓨터 사용이 필수인 시대이다. 컴퓨터 없이는 어떤 작업도 할 수 없는 시대이지만, 그렇다고 모든 작업을 할 수 있는 것도 아니다. 컴퓨터로 모든 작업을 해야 하는 시대에 컴퓨터 프로그램 이용이 대부분인 상황에서, 컴퓨터로 못 한다는 것은 현재 프로그램으로 못 한다는 것을 의미한다.

따라서 하고자 하는 작업을 도와주는 프로그램이 없다면 비효율적인 조각 작업을 하나하나 직접 순서대로 조합해야 한다. 그러자니 작업 절차가 너무 지겹고, 조금이라도 복잡해지면 정신이 없고 실수도 빈번해진다. 작업 절차가 복잡하거나 많은 경우에는 매우 힘겨운 작업이 된다. 그 힘든 작업을 인내로 감수할 것인가? 아니면…… 어떤 방법이 있을까?

수많은 프로그램이 있지만, 그 어떤 프로그램도 모든 작업의 세부 사항을 만족할 수 없기에 모든 작업을 수행할 수가 없다. 세부 사항의 작은 차이는 프로그램을 만든 사람과 이용하는 사람과의 불가피한 차이라고 할 수 있으며, 사용자로서 프로그램 개발자에게 필요한 사항을 요구하고 기다릴 수밖에 없는 상황이 발생한다.

같이 작업을 하는 동료에게 어떤 작업을 요청할 때 빈번하게 돌아오는 대답은, 이 프로그램으로는 안 되는데요, 그럼 어떡하지, 하지 않거나 할 줄 아는 사람을 찾아서 요청을 하거나, 그리고 결과를 기다리고…….

내가 원하는 프로그램이 나오기를 기다릴 것인가? 나만이 필요한 프로그램을 누가 만들 것인가? 이런 상황에서 벗어나고 싶다.

"목마른 사람이 우물을 판다"라는 격언이 있다. 내가 어떤 작업으로 구성된 프로그램이 필요하다면 그것을 만드는 사람은 '나'여야 한다. 과학 연구에는 '선구자'의 역할이 필요하다. 먼저 그 프로그램을 만들어야 한다. 코딩을 이용하면 지금 나만의 작업을 위한 프로그램을 만들 수 있다. 유사한 작업이 누군가에게 필요하다면, 약간의 수정으로 다른 누군가도 이용할 수 있다.

연구를 하는 사람은 통상적인 일과 새로운 일이 뒤섞인 경우가 빈번하다. 통상적인 작업은 이미 개발되어 널리 이용되는 프로그램 또는 유료 프로그램을 이용해 수행할 수 있다. 그러나 새로운 일은 나와 동료 아니고는 하고자 하는 사람이 없다. 그 새로운 일을 자신만의 절차대로 해야 하는 경우 코딩이 가장 유력하고 강력한 해답이 된다. 간단한 작업 절차 조합 하나라도 자신만의 의도대로 설계하고 진행해야 한다면, 간단한 계산 하나라도 자신만의 절차대로 수행하고자 하는 연구자에게는 코딩은 든든한 도우미 역할을 한다.

과학에 관심이 있는 이에게 수학이 필요하다고 한다. 현장 관측이 중요한 해양 연구에서 자료 분석, 통계가 중요하다고 말하기도 한다. 그러나 정작 중요한 코딩이 빠져 있다. 이미 대부분의 사람이 컴퓨터를 이용하고 있으니 프로그램 이용만으로 충분하다고 생각하기 때문이다. 따라가는 연구라면, 다른 사람의 연구를 이해하는 연구라면 가능하다. 그러나 자체적으로 어떤 크고 작은 기술을 개발하고, 핵심기술을 개발하고, 새로운 기술과 연구 성과를 이루려면 코딩으로 프로그램부터 만들어 가는 것이 순서이다.

이 분야에서 공부를 하다 보면 누구나가 항상 간단하게 하는 '조언'이 하나 있다.

"수학 공부 열심히 하세요."

수학 공부를 열심히 해라. 수학이 중요하다. 이런 조언을 한다. 동의한다.

그러나 필자는 여기에 더 추가하고 싶다.

국어, 영어, 수학 모두 열심히 하세요.

그리고 꼭 코딩을 배우세요. 코딩은 가성비가 아주 좋습니다.

이상으로 이 책을 마무리하고자 한다.

| 참고한 자료 |

구본권, 2015. 로봇 시대, 인간의 일, 어크로스.

마스이 토시카츠 지음, 김형민 옮김, 2018. 프로그래밍 언어도감, 영진닷컴.

요시다 다카요시 지음, 박현미 옮김, 2017. 주기율표로 세상을 읽다-우주, 지구, 인체를 이해하는 또 하나의 방법, 해나무.

장 보드리야르 지음, 하태환 옮김, 2001. 시뮬라시옹, 민음사.

잭 첼로너 지음, 김아림 옮김, 2017. 세포(The Cell), 더숲.

조홍연, 2020. 해안공학자의 바다를 지배하는 수와 식, 해안과 해양, 114-118.

존 M. 헨쇼 지음, 이재경 옮김, 2015. 세상의 모든 공식, 반니.

찰스 펫졸드 지음, 김현규 옮김, 2020. 코드(CODE), 하드웨어와 소프트웨어에 숨어 있는 언어. 인사이트.

해양수산부 고시 제2018-10호, 2018. 01. 23.

해양수산부, 해양환경공단, 2022. 2021년 해양환경조사연보, 제26권.

헌터 휘트니 지음, 한선용 옮김, 2014. 데이터 시각화를 위한 데이터 인사이트, 한빛미디어.

Boon JD, 2004. Secrets of the Tide, Tide and Tidal Current Analysis and Applications, Storm Surges and Sea Level Trends, Chap. 2, Horwood Publishing.

Fofonoff, NP, Millard Jr., RC. 1983. Algorithms for computation of fundamental properties of seawater, UNESCO technical papers in marine science, 44, UNESCO. (R package {oce}).

Gabriel Godin, 1972. The Analysis of Tides, Introduction (Chapter 0), Univ. of Toronto Press.

Lynch DR, Greenberg DA, Bilgili A, McGillicuddy Jr. DJ, Manning JP, Aretxabaleta AL, 2015. Particles in the Coastal Ocean, Theory and Applications, Cambridge Univ. Press.

해양환경정보포털, https://meis.go.kr